사랑받는 아이, 행복한 엄마를 위한
엄마와의 거리 25센티미터

사랑받는 아이, 행복한 엄마를 위한

엄마와의 거리 25센티미터

계랄트 휘터 · 울리 하우저 지음 | 박정미 옮김

머스트비

"내가 다섯 살이었을 무렵,
우리 어머니는 늘 내게 말씀하시곤 했다.
행복이 인생의 열쇠라고.
학교에 들어갔을 때 나는
커서 뭐가 되고 싶은지 묻는 문제에
'행복'이라고 답을 적었다.
학교에서는 내가 문제를 잘못 이해했다고 했지만,
나는 그네들이 인생을 이해하지 못하는 거라고 말했다."

– 존 레논

내 아이와
진정한 관계 맺기

당신은 어떤 재능이 있었고 어떤 꿈을 꾸었는지 기억하는가   15

재능이나 특별한 소질이란 과연 무엇일까   19

학교가 아이의 잠재력을 죽인다   24
· 잘 못하는 과목에 시간을 투자하는 불합리한 교육시스템
· 1등은 최고 능력자가 아니라 단지 의무를 수행하는 자일뿐
· 창의력과 호기심이 많은 아이의 높은 성장 가능성

재능에 우열은 없다   33
· 열린 시선으로 바라보기
· 지금까지의 자녀교육은 잊고 아이를 위해 다시 생각하라

우리 아이들이 숨겨진 재능과 소질을 마음껏 펼칠 수만 있다면   41

2 아이들은 어떤 재능을 가지고 태어날까

특별한 재능에 대한 우리의 생각에 의문을 제기하다　47

사랑과 애착　52
- 엄마와의 거리 25센티미터
- 어느 아이든 애착에 대한 간절한 욕구가 있다
- 사랑받고 안전하게 자란 우리 아이

개방적 성향과 탐구욕　60
- 우리 아이가 단 하나뿐인 존재가 되기까지
- 새로운 것을 해낼 때마다 두뇌에서 일어나는 '열광의 폭풍'
- 아이가 생각하게 하라
- 까다로운 고집도 꼭 필요하다

창의력과 조형 욕구　68
- 아이의 창의력을 방해하지 마라
- 다양한 기회와 책임을 맛보게 하라

믿음과 확신　74
- 경험 1온스는 이론 1톤의 가치가 있다
- 믿음은 길을 잃기 쉽다

• 아이는 부모에게 무한한 신뢰를 보낸다

끈기와 고집　83
• 모든 것을 스스로 해내는 아이의 끈기
• 반복을 통해 습득할 수 있다는 아이 나름의 표현 '고집'
• 체념도 학습이 된다

통찰력과 공감　91
• 아이는 이미 감정이입 능력을 가지고 태어난다
• 타고난 공감 능력이 의사소통으로 발전한다
• 통찰력은 무너지기 쉽고 아이는 자기감정에 속기 쉽다

아이가 자신의 재능을 키울 수 있도록
제대로 뒷받침하기

모든 아이는 특별하다　103

재능의 탄생　105
• 아이는 엄마 뱃속에서 풍부한 경험을 한다
• 발달 과정에서 아이에게 특히 무엇이 중요했는가

재능 펼치기   117

• 아이가 가능성을 잃지 않으려면

• 삶의 중요한 모든 것을 아이 스스로 배워야 한다

• 재능을 펼치려면 놀기에 충분한 공간과 시간이 필요하다

• 집중력과 상상력, 창의력을 기르는 마법의 약

• 간단하게 하라

4 아이의 재능이 시들어버리는 것을 막으려면

지금 우리에게 새로운 교육법이 필요한 이유   135

• 사회 변화에 따라 요동치는 교육

• 숨겨진 재능을 보여줄 기회가 없음에 대해 괴로워하는 아이들

사랑이 배신을 당하면– 부모를 마음에서 밀어낸다   143

• 아이를 어떻게 키워야 할지 난감한 부모들

• 아이에게 줄 수 있는 사랑이란 무엇인가

• 세상이 변해도 아이는 여전히 동일한 부모를 원한다

• 아이를 있는 그대로 사랑하라

발견의 기쁨을 상실하면– 세상에 무관심하고 의욕 없는 사람이 된다   156
• 아이가 먼저이지 않을까
• 아이를 방해꾼으로 여기는 사회가 되다
• 아이에게 가장 중요한 경험인 관계경험
• 스스로 발견하는 기쁨과 묻고 대답하는 즐거움을 돌려주자

조형 욕구에 제동이 걸리면– 자신의 중요성과 효용가치를 느끼지 못한다   165
• 컴퓨터로 조형된 세상에 사는 아이들
• 아이가 스스로 삶을 조형할 수 있도록

신뢰가 악용되면– 난관에 무능한 사람이 된다   173
• 아이의 능력을 믿지 않는 부모
• 자신을 신뢰하지 않는 부모를 향한 거리를 둔 애착
• 아이의 근원적인 믿음을 망가트리지 말자

고집이 꺾이면– 자의식이 약한 수동적 인간으로 자란다   187
• 우리에게 필요한 건 아이들의 복종이 아니다
• 고집은 아이의 생각과 느낌, 행동의 독자성일 뿐
• 자신이 사랑받는 아이임을 경험한다면

공감 충동이 억눌리면– 억압자와 자신을 동일시한다   193
• 최고만 있는 세상, 자기만 생각하는 세상
• 아이들의 생존 전략
• 경험과 더불어 변화하는 아이들의 공감 능력

풍요로운 삶을 위해
우리 아이에게 꼭 필요한 것

지금 왜 이 책을 읽어야 하나   205
  • 내 아이의 재능을 펼치는 마법의 주문

당신에게는 자신과 아이를 바꿀 능력이 있다   211

모든 아이가 재능의 꽃을 활짝 피우도록   220

내 아이와
진정한
관계 맺기

당신은 어떤 재능이 있었고 어떤 꿈을 꾸었는지 기억하는가 | 재능이나 특별한 소질이란 과연 무엇일까 | 학교가 아이의 잠재력을 죽인다 | 재능에 우열은 없다 | 우리 아이들이 숨겨진 재능과 소질을 마음껏 펼칠 수만 있다면

당신은 어떤 재능이 있었고 어떤 꿈을 꾸었는지 기억하는가

우리가 그냥 존재하기만 해도 된다면 어떨까? 무엇이든지 자기가 하고 싶은 대로 할 수 있다면? 아침에 일어나 창문을 열고 신선한 공기를 들이마시면서 기뻐한다면? 살아서 이 세상에 존재함을 기뻐한다면? 부모와 가족, 친구가 곁에 있음을 기뻐한다면 과연 어떨지 상상해 보자.

또, 우리가 세상 밖으로 나와 처음으로 엄마 아빠의 눈을 바라보던 그 순간을 기억할 수 있다면 어떨까? 엄마 아빠의 품에 안겼을 때 어떤 느낌이었을까? 그 당시 우리가 얼마나 불완전한 존재였는지는 조금도 중요하지 않다. 어둠 속에 있다가 갑자기 밝은 곳으로, 즉 삶이라고 불리는 흥분된 모험의 세계로 밀려 나오던 그 순간을 다시 한 번 체험할 수만 있다면 말이다. 그 순간에는 모든 것이 너무나 크고 새로웠고, 공간도 시간도 존재하지 않는 듯 보였다. 그리고 그냥 존재한다는 것 자체가 경이롭게 보였을지도 모른다. 별다른 요구 없이 우리는 그냥 숨 쉬고, 배고프면 먹고, 졸리면 잠이 들었다. 또 슬프면 울었고, 누군가 우리를 보고 환하게 웃어주기만 해도 기뻐했다.

이번에는 어린 시절로 돌아가 아이의 눈으로 세상을 바라본다고 상상해 보자. 어릴 적 우리는 세상의 경이로움에 너무 흥분한 나머지 잠을 이루지 못했었다. 낯선 소리와 냄새를 비롯하여 우리가 감지하는 모든 것에 매료되기도 했다. 우리는 모두 왕자이며 공주였다. 달나라에 가는 꿈을 꾸는가 하면, 시공간을 초월하여 이곳저곳을 날아다니기도 했다. 우리가 무슨 엉뚱한 짓을 하든 다른 사람들은 우리를 그저 귀여운 꼬마로 봐주는 것 같았다.

얼마나 단순한 시절이었던가? 그런데 그 후로 삶은 너무나 고단해졌다. 쉬운 것은 어느덧 사라져 버리고 힘든 일이 너무나 많아졌다. 모든 것에 감격해 마지않던 그 시절은 어디로 가 버렸을까? 매 순간 새롭고 흥분되며 즐거워했던 그때 그 느낌은 도대체 어디로 갔는가?

이제 우리는 어른이 되었고 어린 시절의 그 벅찬 감격에서 벗어난 지 이미 오래다. 어린 시절은 의무와 책임감 그리고 익숙해짐에 묻혀 버렸다. 단순하던 것이 복잡해졌고, 느리던 것이 빨라졌으며, 커 보이던 것이 작아졌다. 이제는 우리가 시간을 지배하는 것이 아니라 시간이 우리를 지배한다. 시간의 수레바퀴 안에 갇혀 피로에 지칠 대로 지친 우리는 과중한 부담감을 느끼며 산다. 정신없이 바쁜 직장 생활이 우리의 일상을 지배하고, 인간관계와 상황뿐만 아니라 생각마저 좌우한다. 기술의 발달과 사회적 변천, 삶의 속도 등은 우리를 갈수록 더 우왕좌왕하게 한다. 일종의 스트레스 테스트가 되어 버린 우리의 삶은 효율적이어야 하고 완벽해야 한다. 뭐든지 의미와 목적이 있어야만 한다. 또한, 우리의 존재는 분석 대상이다. 그래서 우리는 평가하고 또 평가받는다. 그런가 하면 배우자를 선택하거나 아이를 낳을 때는 물론이고 직업이나 여가 등 어떤 영역에서든 치열한 경쟁을 벌여야만 한다. 이처럼 복잡하게 얽혀 있는 우리의 머리는 온갖 이미지로 가득 차 있다. 하지만 우리는 그 이미지를 정리할 여력이나 시간이 없다. 그저 정신없이 살아가면서 자신의 존재를 잊어버리고 너무나 당연한 듯 강요에 굴복한다. 그리고 '나, 전부, 당장'이라는 세 가지 단어가 지배하는 시스템에 우리 자신을 내맡긴다.

우리는 온갖 것에 신경을 쓰고 몰두하지만, 정작 우리 자신의 삶은 어떠한가? 우리는 누구이고 또 우리가 원하는 것은 무엇인가? 어쩌다 지금의 당신이 되었는지 스스로 물어본 적이 있는가? 당신에게 가장 크게 영향을 준 사람은 누구인가? 또 어떤 경험들이 강한 인상을 남겼는가? 당신은 자신이 되고 싶어 하던 대로 되었는가? 아니면 부모가 원하던 대로 되었는가? 당신이 접어든 길을 가기로 한 사람이 바로 자신이었는지 아닌지 기억할 수 있는가? 성공을 거두기 위해 쏟은 노력이 실제로 결실을 보았는가? 아니면 시간이 더 걸리더라도 새로운 경험을 많이 쌓을 수 있는 길을 선택하는 편이 더 나았을까? 그랬다면 또 다른 능력을 습득해서 지금과는 다른 재능을 펼쳤을지도 모른다.

재 능 이 나
특별 한 소질이란
과   연
무 엇 일 까

어린 시절 당신이 어떤 재능을 갖고 있었고 어떤 꿈을 꾸었으며, 무엇에 마음을 사로잡혔는지 말하기란 쉽지 않다. 당신의 재능 가운데 제대로 키우지 못해서 지금까지의 삶에서 아무 역할도 하지 못한 것이 있는지 생각해 본 적이 있는가? 또 당신의 자녀에게 어떤 재능이 숨어있는지 알고 있는가? 아이가 무엇을 정말 잘할 수 있고, 또 무엇을 할 수 없는지 말이다.

그렇다면 재능이나 특별한 소질이란 과연 무엇이며 어떻게 생기는 것일까? 흔히 말하듯이 재능은 타고나는 것일까? 한 아이에게 다른 아이들이 갖고 있지 않은 무엇이 잠재해 있는지 어떻게 판단할 수 있는가? 아무도 그런 재능을 발견해내지 못하거나, 아이가 실제로 그 재능을 펼칠 수 있다는 것을 신경쓰지 않는다면 어떻게 될까? 아이가 재능을 맘껏 펼칠 수 있도록 용기와 힘을 북돋아 주는 사람이 아무도 없다면? 아마도 아이의 재능은 꽃을 피워보지도 못한 채 시들어버리고 말 것이다.

안타까운 노릇이다. 아이의 뛰어난 재능을 반겨 주는 사람이 없다면 세상은 빈곤해 질 것이다. 따라서 우리는 역사에 길이 남을 위인들이 그들의 재능을 썩히지 않은 것에 감사해야 한다. 암스트롱을 비롯하여 채플린, 달리, 디즈니, 모차르트, 바그너와 같은 인물들의 업적은 시대를 초월하여 영향을 미치고 있다. 그들은 자기 마음의 소리를 따랐고, 그들이 그 소리를 언제 처음 들었는지는 아무도 알 수 없다. 다만 확실한 것은 자신의 재능을 인정했고 또 인정받았다는 사실이다. 만약 아인슈타인의 부모가 소심한 성격의 자기 아들에게 공상하지 못하게 하고, 몇 시간 동안 카드로 집을 쌓는 행동 또한 금지했다면 어떻게 되었을까? 아인슈타인이 수업 시간에 어떤 문제를 가지고 몇 시간째 계속 골똘히 생각하는 것이나 과제를 외우지 못하는 것을 교사가 허용하지 않았다면 어땠을까? 아인슈타인이 훗날 스스로 밝힌 성공의 비결은 우리를 놀라게 한다. 구겨진 외투를 아무렇게나 걸친 이 남자는 이렇게 말했다.

"내게 무슨 특별한 재능이 있는 것은 아니다. 나는 다만 못 말리게 호기심이 많을 뿐이다."

그런데 아이에게 어떤 특별한 소질이나 재능이 숨어있는지는 무엇을 보고 알 수 있을까? 어떤 재능이 있다고 해서 당장 특별한 성과나 능력이 따르는 것은 아니다. 재능이나 소질은 일단 나중에 다른 사람과는 확연히 차별되는 특별한 능력을 습득하거나 어떤 성과를 거둘 가능성일 뿐이다.

아이가 그런 특별한 잠재력을 지니고 있는지 판단해 주는 재능 탐색 전문가들이 있다. 특히 스포츠 분야에서 그런 전문가들이 많이 활동하고 있다. 그들은 아주 어릴 때부터 아이의 움직임을 관찰하고 의지가 얼마나 강한지 평가해서 판단을 내린다. 이와 같은 스카우트 과정은 체격 같은 것을 보고 아이가 훗날 최고의 성적을 거두기에 유리한 전제 조건을 갖추고 있는지 평가하는 것이다. 그러나 세계적인 축구 선수 리오넬 메시처럼 훌륭한 선수들이 오히려 키가 작다는 점을 생각해 보면, 그런 식의 평가가 얼마나 불확실한 것인지 분명해진다.

그러므로 재능을 발견한다는 것은 그리 간단한 일이 아니며, 특히 음악이나 미술 또는 지능과 관련된 재능을 조기에 발견하기란 더더욱 어렵다. 그만큼 더 자세하게 관찰하고 분석해야 하기 때문이다. 예컨대 위대한 발명가 토머스 에디슨은 학교 성적이 늘 꼴찌였던 것으로 유명하다. 그런가 하면 마르셀 프루스트를 가르친 교사들은 그의 작문을 형편없다고 평가했다. 또 파블로 피카소는 알파벳의 순서를 한 번도 제대로 기억해내지 못했다. 자코모 푸치니는 시험에 떨어지기를 밥 먹듯 했고, 폴 세잔은 미술학교의 입학 허가를 받지 못했다.

또한, 훗날 정계나 재계의 지도자로 두각을 나타낼 만한 재능을 미리 발견하기도 쉽지 않다. 평범한 학생이었던 넬슨 만델라가 훗날 마하트마 간디와 견줄 만큼 위대한 인물이 될 줄 누가 알았겠는가? 간디 역시 자신의 학창 시절이 '내 생애에서 가장 불행했던 시기'였노라고 말했다. 한편, 알바니아의 가난한 농부 딸이 테레사 수녀가 되어 절망에 빠진 사람들을 구원하게 될 줄은 아무도 몰

랐을 것이다. 뚱뚱보 윈스턴이 커서 위대한 처칠이 될 줄은 또 누가 짐작이나 했을까? 이들은 불가능이란 없다는 것을 보여 주는 중인들이다. 그리고 음악에서 베토벤이, 현대적 기업가로서 헨리 포드가 그랬던 것처럼 이들은 뛰어난 천재였다. 헨리는 일곱 살에 이미 시계를 분해해서 다시 조립할 수 있었으며, 조립과 연구만 계속 파고든 끝에 마침내 그의 차고에 자동차가 모습을 드러내게 되었다.

학 교 가
아 이 의
잠 재 력 을
죽 인 다

누군가에게 비범한 일을 해낼 수 있는 능력이 있음을 언제 알게 되었는지 더 자세히 살펴보면, 놀라운 사실을 깨닫게 된다. 이들은 아주 어렸을 때나 유치원 또는 학교에 다닐 때, 출중한 실력으로 두각을 나타내지 못했다. 오히려 그들 대부분은 유치원이나 학교에서 잘 적응하지 못해서 주목을 받았다. 노르웨이의 작곡가 에드바르 그리그도 학창 시절에 대해 이렇게 말한 바 있다.

"학교는 내 안에 나쁜 것만 키워주었고 좋은 것은 건드리지도 않았다."

천재들 가운데 다수는 좌절해서 학교를 그만두거나 공부 의욕이 없는 학생이었고, 개성이 강해서 적응하지 못하는 괴짜 혹은 아웃사이더였다. 따라서 학교 성적도 변변치 못했고 내세울 만한 직업교육도 받지 못했다. 지금은 우리의 삶을 풍요롭게 해 주고 있는 그들이지만, 대부분 힘든 어린 시절을 보내야 했다. 존 레넌은 유치원에서 쫓겨났고, 우디 앨런은 교사의 말을 제외한 나머지에만 주의를 기울이느라 늘 문제아로 취급당했다.

천재들이 주위 사람들의 기대대로가 아니라 자신에게 중요한 것을 했을 때, 우리는 비로소 그들의 비범한 능력을 부러워한다. 살바도르 달리는 온종일 스케치에 몰두했고, 파블로 피카소는 셈 배우기를 거부했다. 그들은 그림을 그리면서 꿈을 키워나갔다. 그들에게는 남다른 개성과 끈기, 그리고 창의력과 고집이 있었다. 그들은 답을 찾을 때까지 계속 의문을 제기했고 자기 자신에 충실했으며, 자신의 요구를 충족시켰다.

• 잘 못하는 과목에 시간을 투자하는 불합리한 교육시스템

하지만 학교에서 고집과 개성은 긍정적인 평가를 받지 못한다. 교사의 임무는 학생들에게 좋은 성과를 올리도록 요구하고 그것을 다른 성과와 비교하는 것이다. 그 목적으로 성적표가 존재하며, 평균 점수가 계산된다. 평균 점수를 올리려면 무엇보다도 제일 재미 없거나 가장 부족한 과목에 치중해서 공부해야 한다. 그래서 '미'를 '수'로 끌어올리기 위해 영어를 공부하는 것이 아니라, '가'를 '양'으로 끌어올리기 위해 수학을 집중 공부해야 한다. 자신이 잘 못하는 것에 많은 시간을 할애하고 자기가 잘하는 것에 좀 더 시간을 투자하지 않는 것은 불합리한 시스템이다. 학교라는 시스템에서 중요한 것은 결국 한 가지밖에 없다. 즉, 괜찮은 평균 점수를 만드는 일이다. 그때까지 더 높은 것을 추구하기 위해 삶이 존재한다고 생각했던 사람도 평균을 목표로 삼는 것이 더 낫다는 것을 금방 배우게 된다. 계몽가이자 풍자가인 게오르크 크리스토프 리히텐베르크가 학교에 대해 언급한 말이 맞을지도 모른다.

"지나치게 신중한 우리의 교육이 난쟁이 과일만 키워내지 않을까 우려스럽다."

교육시스템은 과거 몇십 년 사이 옳지 않은 방향으로 더 많이 발전해 왔다. 언제부턴가 어느 시기에는 무엇을 알아야 한다고 정하는가 하면, 성적이 모든 가치 평가의 기준이 되었다. 좋은 성적을 받지 못하면 인기 없는 직업을 선택해야 했고, 의사가 되고 싶으면 죽자사자 공부에 매달려야 했다. 이런 시스템은 인성 교육이나 잠재력을 발견하는 데에는 무관심했다. 예컨대 유전적 결함(21번 염색체 이상) 때문에 몇 년 전까지만 하더라도 학습 능력이 없는 것으로 간주하였던 아이들의 잠재력을 인식하지 못했던 것처럼 말이다. 다운증후군 환자들은 특유의 외모를 비하해 '몽골로이드mongoloid'라고 불리거나 '바보idiocy'라는 욕을 듣기도 했다. 그런데 정신지체아로 여겨지던 다운증후군 환자들 가운데 현재 아비투어(Abitur: 대학입학 자격시험)를 마치고 대학에서 공부하는 이들이 있다. 그들은 여전히 유전적 결함을 가지고 있지만, 운 좋게도 그 아이들도 할 수 있다는 믿음을 가진 교사들을 만났던 것이다. 그 교사들은 다운증후군 아이들의 특성을 존중하고 거리낌 없이 대했다. 그런 학생들이 유난히 민감하다는 것을 이해하며 아무런 희망도 없어 보이는 상황에서 용기를 북돋아 주었다. 그러면서 갑자기 전에는 생각조차 할 수 없던 일이 가능해졌다.

그러나 일반적인 학교의 교육시스템은 여전히 아이들이 잠재력을 펼치는 것과 별 관계가 없다. 그리고 아직도 수많은 아이들이 재능 없는 열등생으로 평가받는 것에 대해 교육업계 종사자들은 조금도 관심을 두지 않는다. 그들에게 중요한 것은 단지 지도자 역할을 떠맡을 우등생들을 배출하는 것이다. 어떤 교육시스템이든 정치나 경제, 과학 분야에서 중요한 위치를 점할 수 있는 엘리트를 충분히 배출해내기만 한다면 어느 정도의 열등생은 있어도 괜찮다는 태도를 보인다.

● 1등은 최고 능력자가 아니라 단지 의무를 수행하는 자일뿐

지금까지 교육을 맡아온 사람들의 생각은 대부분 그런 식이었다. 그 덕분에 우리의 교육시스템은 지금의 상태를 유지할 수 있었다. 그리고 예나 지금이나 재능을 우수한 학교 성적과 혼동하고 있다. 공감 능력이나 경청 기술 같은 것은 성적표나 대학입학 자격에 반영되지 않는다. 실제로 의사가 되고 싶으면 공감 능력보다 수학 점수가 뛰어나야 한다.

하지만 그런 옛날 사고방식은 이제 통하지 않는다. 시대에 뒤떨어진 교육시스템이 지금까지의 선발 기준을 계속 고집한다면 더는 새로운 도전에 응할 수 없다. 그뿐만이 아니다. 인재로 평가받던 학생들이 오히려 무능력자로 판명되는 일이 갈수록 많아지고 있다. 우수한 성적으로 학교를 졸업한 학생들은 어떤 시험이든 거뜬히 합격하는 등 순탄한 출발을 보인다. 그러다 곧 중요한 자리에 오르지만, 직장 생활에서 주어지는 온갖 요구에 부딪혀 좌절하는 사람들이 적지 않다. 1등을 도맡아 하던 수재가 갑자기 무능해져서 주변을 실망하게 하는 사례를 우리는 주변에서 흔히 볼 수 있다.

그들이 직장에서 자신에게 주어지는 요구를 충족시키기에 부적합하다고 판명되는 것은 어째서일까? 그 이유는 학교가 그들에게 요구하는 것을 최단 시간 안에 가장 효율적으로 습득하는 법을 배우긴 했지만, 복잡한 문제나 불확실한 것 또는 위험 요소를 어떻게 다뤄야 할지는 배우지 못했기 때문이다. 늘 성공만 거듭하였기에 자기 자신에게 의문을 가질 필요가 없었고, 한 번도 좌절을 겪지 않았기에 실패에 대처하는 법을 모른다. 또한, 팀워크를 배우지 못해서 부하 직원들을 잘 다루지도 못한다. 그저 무엇을 해야 할지 명확하게 정해진 성과시스템에만 완벽하게 적응할 뿐이다. 하지만 그들은 쉽사리 감정을 이입하지 못한다. 자신의 재능을 진정으로 펼치는 데 필요한 열정과 고집스럽게 새로운 길을 가거나 새로운 해결책을 모색할 마음가짐이 부족하기 때문이다. 즉, 그들은 최고의 능력자가 아니라 의무를 이행하는 자일뿐이다.

● 창의력과 호기심이 많은 아이의 높은 성장 가능성

그러나 요즘 시대에는 그런 사람을 필요로 하지 않는다. 오로지 자기 자신만 바라보는 사람도 마찬가지다. 이기주의자의 시대는 이미 지나갔다. 점점 더 복잡해지는 세계에서는 어떤 역할을 하는 것이 아니라 자신의 능력을 인지하고 또 다른 사람과 단합할 줄 아는 것이 중요하다. 서로 간에 경계를 긋지 않고 관계를 맺을 줄 아는 능력 말이다. 또 마음의 문을 열 수 있어야 하고 새로운 해결책에 개방적이어야 하며, 정보들을 끊임없이 새롭게 조합할 줄 알아야 한다. 고집과 창의성, 열린 사고, 사회적 기술은 과거보다 오늘날 훨씬 더 큰 비중을 차지하는 능력들이다. 하지만 이런 능력들은 암기해서 습득하거나 성적을 매겨 측정할 수 있는 것이 아니다. 더

군다나 우리의 학교는 이처럼 특별한 능력을 키워 줄 준비가 되어 있지 못한 실정이다.

　대학졸업생 가운데 가장 재능 있는 지원자를 뽑을 때 성적이나 학력에만 의존할 수 없다는 사실을 누구보다 먼저 깨달은 이는 세계적 기업의 인사 책임자들이다. 물론 아직도 하버드나 옥스퍼드, 케임브리지 졸업생들을 우선으로 뽑고 있기는 하지만, 정식으로 채용하기 전에 지원자들을 될 수 있으면 빈민 지역에 있는 공립학교로 보낸다. 그곳에서 명문대학 졸업생들은 1년 동안 학생들을 가르치게 된다. 공부보다는 다른 걱정거리가 더 많은 아이들을 앞혀 놓고 가르친다는 것은 보통 일이 아니다. 아이들은 암담한 현실에 처해 있지만, 자신들을 진지하게 생각해 주는 사람에게는 언제든 마음의 문을 열 준비가 되어 있다. 오직 성공밖에 모르던 '젊은 리더들'이 그런 아이들을 가르치면서 인생을 배우게 된다. 그들의 임무는 공부에 대한 의욕을 잃은 아이들에게 새로운 시각을 열어 주는 것이다. 더불어 팀을 이루고 용기를 북돋아 주며 성취욕을 불러일으키고, 좌절을 겪더라도 포기하지 않게 만드는 것이 그들이 해야 할 일이다. '먼저 가르치기Teach first'라는 이 프로그램은 성적이 아니라 경험에 초점을 맞춘다.

독일 엘리트 양성을 위한 국가 장학재단 역시 학교 성적이 우수하다고 해서 반드시 경제와 기술 분야에서도 두각을 나타내는 것은 아니라는 사실을 깨달았다. 그래서 이 재단은 학교 성적이 우수하지 않더라도 청소년 과학경진대회에서 상을 받았다든가 하는 지원자에게 장학금을 주는 일이 점점 많아지고 있다. 그리고 이처럼 열심히 탐구하고 호기심 많은 아이가 학교 성적만 좋은 우등생보다 훨씬 훌륭하게 성장한다는 것은 주지의 사실이다. 사회적 기술에 주목하는 기업들이 갈수록 많아지고 있는 것도 바로 이 때문이다.

재능에는 우열이 없다

앞서 살펴본 바로는 우리는 지금까지 존재하지 않았던 문제를 안고 있는 셈이다. 그 문제는 바로 우리의 교육시스템이 '평균 이하의 재능을 가진 학생들'에게만 기회를 제공하지 못하는 게 아니라 '평균 이상의 재능을 가진 학생들'에게도 제대로 기회를 제공하지 못하고 있다는 사실이다. 일부 교육전문가들은 이 문제를 잘 알고 있으며 우려를 표명하고 있는 정치경제계 인사들도 날로 늘어나고는 있지만, 교육제도를 개혁할 방안이 없다. 오랜 역사 속에 발전해 온 학교나 교육시스템을 하루아침에 바꾸기란 쉽지 않다. 앞뒤 가리지 않고 마구 공격을 퍼붓는 것도 전혀 도움이 되지 않는다. 차라리 제대로 의문을 제기하고 안일한 대답에 만족하지 않는 편이 낫다. 특히 지금까지 당연하게 여겼던 것이나 머릿속에 뿌리박혀 있던 선입견에 의문을 제기해야 한다. 예를 들면, 아이들의 재능에 우열이 있기 때문에 그 수준에 맞게 우열반을 만들어 가르쳐야 한다는 것 말이다.

우리는 이 같은 재능에 대한 잘못된 생각에 언제까지 매달리려 하는가? 그게 가능하기는 한가? 이것이 우리가 이 책에서 제기하는 문제들이다. 그리고 지금까지의 재능 이념이 우리를 몰아간 막다른 골목에서 빠져나올 방법을 모색하고자 한다.

● 열린 시선으로 바라보기

뭐든지 다른 측면에서 바라보면 조금은 다르게 보이기도 한다. 그러므로 조심하라! 아이들이 특별한 재능을 펼치는 데 필요한 것이나, 지금까지 가지고 있던 교육관에 대한 당신의 생각을 완전히 무너뜨릴 뭔가를 이 책에서 발견할지도 모르니까.

자, 이제 편안하게 몸을 뒤로 기대고 깊이 심호흡을 하면서 자녀의 재능 키우기라는 주제와 관련하여 당신이 지금까지 들어온 모든 이야기를 다 잊어버려라. 혹은 그에 관해 스스로 가지고 있는 생각들도 잊어버려라. 어쩌면 한순간 당신 자신이 아직 어린아이였던 시절로 돌아갈 수 있을지도 모른다. 그래서 그 시절 당신이 무엇을 느끼고 무슨 생각을 했는지 떠오를지도 모른다. 스페인의 유명한 첼리스트 파블로 카살스가 이런 말을 했다.

"우리가 사는 1초, 1초가 새롭고 이 우주에서 단 하나뿐인, 두 번 다시 있을 수 없는 순간이다. 그런데 우리는 아이들에게 무엇을 가르치고 있는가? 우리가 가르치고 있는 것이라고는 2 더하기 2는 4라느니, 프랑스의 수도는 파리라느니 그런 것뿐이다. 아이들이 어떤 존재인지는 언제 가르칠 것인가? 우리는 모든 아이에게 이야기해야 한다. '네가 무엇인지 아니? 넌 기적이야. 너는 이 세상에 단 하나밖에 없는 존재란다. 지금까지 너와 같은 아이가 세상에 있었던 일은 한 번도 없었어. 너의 다리와 팔, 너의 유연한 손가락, 너의 몸동작으로 셰익스피어가 될 수도 있고, 미켈란젤로나 베토벤이 될 수도 있지. 네게는 무엇이든 될 수 있는 능력이 있어. 그래, 넌 기적이야. 그런 네가 자라서 너와 마찬가지로 기적인 누군가에게 해를 끼칠 수 있을까? 세상이 네 아이에게 가치 있는 것이 될 수 있도록 너와 우리 모두 노력해야 해.'라고."

당신은 그 감동 어린 순간을 다시 떠올려 볼 수 있는가? 당신의 아이를 처음 품에 안고서 생명의 기적에 행복해서 말문이 막혔던 그 순간을 말이다. 당신은 아이가 꼼지락거리거나 몸을 움직일 때마다 신기해하고, 아이가 당신을 보고 방긋 웃어 주면 두 눈에 눈물이 맺혔을 것이다.

그런데 지금은 어떤가? 당신의 아이를 바라보면서 선입견을 품거나 평가하지 말고 느긋한 마음으로 누구를 보고 있는지 스스로 물어보라. 당신이 보고 있는 사람이 가령 버릇없는 아이라는 생각이 든다면, 처음부터 다시 시작하기 바란다. 버릇이 없다고 이미 평가하고 있기 때문이다. 그러므로 편안히 몸을 기대고 아이에 대한 당신이나 다른 사람들의 이상을 지워버리도록 하라. 어쩌면 이 연습을 서너 번 되풀이해야 할지도 모른다. 하지만 언젠가는 당신 앞에 있는 아이가 삶에 익숙해지려고 애쓰고 있음을 이해하게 될 것이다. 당신이 어렸을 때 그랬던 것처럼, 그리고 지금도 여전히 애쓰고 있는 것처럼 말이다. 그러면 당신처럼 살려고 노력하는, 행복해지고 사랑받고 싶어 하는 한 아이를 보게 될 것이다. 또한, 아이는 무엇보다도 당신이 바라는 모습이 아니라 있는 그대로의 자신을 봐주기 원하고 있다. 그러니까 당신의 아이는 사실 당신이 마음속 깊이 바라고 있는 그것과 같은 것을 원하고 있는 셈이다. 인정받는 것은 우리 모두의 갈망이며, 우리는 나름의 장단점이 있는 자신의 모습 그대로 인정받고 또 사랑받기를 원하기 때문이다.

그처럼 열린 시선으로 아이를 바라보는 것이 힘들게 여겨진다면, 이 책이 그런 당신의 손에 들어간 것이 더욱더 다행스러운 일이 아닐 수 없다. 당신은 일단 부모로서의 기대나 희망과 결부된 걱정과 두려움을 가지고 당신의 아이를 바라보게 될 것이다. 물론 아무 이유 없이 그렇게 두려움에 가득 찬 생각을 품는 것은 아니다. 아이의 운명과 미래가 그만큼 당신에게 소중하기 때문이다. 당신이 엄마든 아빠든 아이의 행복과 장래를 책임지고 있기는 마찬가지다. 또 당신이 조부모라면 손주가 자라는 모습을 걱정스럽게 지켜볼 것이다. 혹은 당신이 유치원이나 학교에서 아이들의 교육을 담당한다면, 때때로 당신이 바라는 것과 전혀 다른 아이들이 많다는 사실에 절망하기도 할 것이다. 당신이 어떤 입장에서 아이들에게 삶의 동

내 아이와 진정한 관계 맺기

반자가 되고 있는지는 중요하지 않다. 우리 아이들이 자라고 있는 세상이 복잡하면 할수록 아이들이 안심하고 의지할 수 있는 도움의 손길이 그만큼 더 절실하다. 하지만 그 도움의 손길이 어떤 것이어야 할지는 여전히 의견이 분분하다.

- **지금까지의 자녀교육은 잊고 아이를 위해 다시 생각하라**

험난한 세상을 살아가도록 아이들을 극도로 엄격하게 키우던 시절이 있었다. 그런가 하면 아이들이 원하는 대로 다 들어주던 시절도 있었다. 어떤 양육스타일이든 늘 비판이 따랐다. 자기가 어렸을 때 엄격하고 자유를 구속하는 교육을 받았던 부모들은 자연히 자기 자식들한테는 그런 고통을 안겨 주지 않으려고 노력했다. 따라서 아이를 버릇없게 키우는 성향이 있었다. 한편, 어렸을 때 자기 마음대로 할 수 있었던 엄마 아빠들은 대부분 엄격한 부모가 되었다.

이처럼 우리가 자녀양육이라고 일컫는 것은 끊임없이 달라졌다. 그러나 올바른 양육과 참교육의 모습에 영향을 끼친 생각은 늘 있었다. 어떤 식으로 아이들을 양육해야 할지는 언제나 부모나 교사가 옳다고 생각하는 것에 달려 있었다. 아이들에게 무엇이 좋은지, 아이들의 욕구나 희망이 인지되었는지 따위는 별로 유념하지 않았다. 아이들은 좋든 싫든 어른들의 말을 따르고 순응해야 했다.

그러나 지금 우리는 아이의 발달에 대해 더 많은 것을 알고 있다. 아기들은 생후 4개월이 되면 이미 외국어를 인지할 수 있고, 6개월이 되면 좋고 나쁜 것을 구분할 줄 안다. 생후 9개월부터는 의도적인 행동을 이해하기 시작하며, 그 후 몇 달만 지나면 무엇이 어떻게 어울리는지 감이 생긴다. 과학자들이 아이들의 능력에 관해 연구하고 머릿속에서 일어나는 일을 알아내기 위한 기술을 개발한 것은 불과 몇십 년 전이다. 그래서 우리가 알고 있는 것은 많지 않다. 예컨대 태아가 임신 35~37주 사이에 이미 불쾌하고 고통스러운 느낌을 구별할 수 있다는 사실을 영국 학자들이 입증한 것도 최근의 일이다. 25년 전만 하더라도 조산아들은 마취 없이 수술을 받았다. 그 당시에는 그래도 된다고 생각했던 것이다.

그래서 우리는 당신이 어떻게 하면 아이들을 더 잘 키우고 교육할 수 있는가와 관련하여 많은 책에서 제기되지 않는 문제들에 대한 답을 구해 보기 바란다. 우리와 함께 숨은 보물, 즉 잠재력을 찾아 나서도록 당신에게 용기를 북돋아 주고 싶다. 더불어 컴퓨터 프로그램이나 자칭 전문가라는 사람들의 조언을 너무 믿지 말고, 어떻게 하면 다른 방법도 가능할지 스스로 감을 키우고 아이디어를 개발했으면 하는 바람이다. 최선의 양육이나 교육 같은 것은 애초에 존재하지 않을지도 모른다. 또 그런 양육이나 교육으로 이루고자 하는 것이 인류의 역사에서 수도 없이 변해 왔던 이상이나 생각에 지나지 않는 것일 수도 있다. 그리고 분명히 그 생각은 앞으로도 계속 달라질 것이다.

우리 아이들이
숨겨진 재능과
소질을 마음껏
펼칠 수만 있다면

수많은 부모, 교사, 전문가들이 아이들을 어떻게 키우고 교육해야 할지 잘 알고 있다고 착각하는 것을 일깨우기란 쉽지 않다. 우리의 전 세대들도 모두 그렇게 생각했었다. 또한, 다음 세대를 양육하고 교육하는 데 있어 무엇이 중요한가에 대한 생각을 최대한 효율적으로 실행하기 위한 양육법과 교육프로그램이 끊임없이 개발되기도 했다. 따라서 결정적인 문제는 '어떻게'가 아니라 '무엇을 위해' 아이들을 키우고 교육할 것인가이다. 훗날 아이들의 삶에서 무엇이 중요할지에 대해 지금 짐작하거나 생각하는 것이 얼마든지 틀릴 수도 있기 때문이다.

앞으로는 어떤 상황에서든 잘 순응하는 것이나 최대한 많이 아는 것이 전혀 중요하지 않을지도 모른다. 오히려 미래에는 남들과 구별되는 사람들이 더 환영받을지도 모른다. 그런 사람들은 가만히 앉아 수동적으로 다음 지시를 기다리지 않는다. 어쩌면 우리 아이들이 유치원이나 학교에서 습득해야 하는 지식이 훗날 전혀 도움이 되지 않을 수도 있다.

인생은 좋은 점수를 받으려고 노력하는 것이 전부가 아니다. 시험공부에 전념하는 것이 인생의 전부가 아니며, 우리 아이들은 성적표에 매달리는 것보다 더 많은 것을 할 수 있다. 우리가 학교에서 받아 오는 성적표만 가지고 아이들의 성취도를 따진다면 아이들에게 굴욕감만 안겨줄 것이다. 요즘은 자기 아이의 매니저나 트레이너를 자청하고 나서는 부모들이 점점 늘고 있다. 이는 모두 아이가 어딘가 부족하다는 생각 탓이다. 즉, 아이가 혼자 알아서 하기에는 역부족이기 때문에 부모가 개입해야 한다는 것이다.

아이들은 신물이 날 정도로 끊임없이 교정을 받고 잔소리를 들고 있지만, 그래야 할 만큼 부족한 존재가 아니다. 아이들은 충분히 능력이 있으며, 자기 자신은 물론이고 다른 사람들에 관해서도 책임을 지려고 한다. 아이들은 누구에게도 속하지 않으며 그저 자기 자신일 뿐이다.

우리 아이들이 자신에게 숨겨진 재능과 소질을 마음껏 펼칠 수 있으려면, 무엇보다 우리가 두려움이나 걱정, 섣부른 생각이나 의도 같은 것을 다 접어두고 아이들을 바라보아야 한다. 그러기 위해 우리는 아이들과 진정한 관계를 맺어야 한다. 그리고 그 관계가 상사와 부하 직원 또는 이미 교육을 다 받은 사람과 아직 교육을 받고 있는 사람 간에 나타나는 것과 같아서는 곤란하다. 비록 차이가 있지만, 서로 보고 배울 마음의 준비가 되어 있는 두 사람이 맺고 있는 그런 관계여야 한다. 그러므로 우리는 아이들의 눈높이에 맞추는 법을 배워야 한다. 때로는 쪼그려 앉은 자세로 걷게 되더라도 괜찮다. 아직은 아이를 향해 습관처럼 이것저것 가르치고 혼내려는 말이 저절로 튀어나오려고 해도, 노력하는 자체만으로도 큰 의미가 있다.

2

아이들은
어떤 재능을 가지고
태어날까?

특별한 재능에 대한 우리의 생각에 의문을 제기하다 | 사랑과 애착 | 개방적 성향과 탐구욕 | 창의력과 조형 욕구 | 믿음과 확신 | 끈기와 고집 | 통찰력과 공감

특 별 한
재 능 에   대 한
우 리 의   생 각 에
의 문 을   제 기 하 다

특별한 재능을 가진 사람들에 관해 이야기할 때, 우리는 감탄이 가득한 얼굴로 평범한 사람들이 절대 할 수 없는 일을 성취한 사람들을 떠올린다. 특별한 재능을 가지고 태어나지 않고서는 그처럼 대단한 일을 해낼 수 없을 거로 생각하기 때문에 그런 재능은 천부적이라고 믿는다. 더불어 우리는 어떻게 그처럼 천부적인 재능을 갖게 되는지 모르기 때문에 유전적 소질 탓으로 돌리곤 한다. 운이 좋아서 그런 재능을 타고나는 것이고, 볼프강 아마데우스 모차르트나 알베르트 아인슈타인, 알렉산더 폰 훔볼트, 파블로 피카소와 같은 사람들의 위대한 업적은 아무리 피나는 연습과 노력을 해도 감히 흉내 낼 수 없다고 굳게 믿는다. 이는 변함없는 확신과도 같아서 우리는 아주 일찍부터 아이가 어떤 비범한 재능을 보이는지 주의 깊게 살펴본다. 그러고는 아이에게 자신의 재능을 최대로 펼칠 가능성을 부여하고자 노력한다. 언뜻 보면 아주 논리적이고 설득력 있는 생각인 것 같지만, 자세히 들여다보면 그렇지 못하다.

피카소나 아인슈타인, 모차르트 같은 인물들이 다른 문화권이나 다른 시대에 살던 사람들에게도 천재로 받아들여졌는가만 따져보더라도 그런 생각에 의문이 들기 시작한다. 가령 아마존 유역의 인디언이나 오스트레일리아 원주민, 십자군 전쟁 시대의 독일 사람도 그들의 재능을 인정했겠느냐는 것이다. 그러므로 어떤 문화가 어떤 시대에 무엇을 특별한 재능으로 여기는지의 평가 기준이 언제 어디서나 똑같을 수는 없다. 무엇이 특별한 재능으로 평가받는가는 그 당시 그곳에 사는 사람들이 무엇을 특히 중요하고 가치 있는 것으로 인정하느냐에 따라 달라지기 마련이다. 옛날에는 밭을 경작할 줄 아는 것이 중요했다면, 지금은 컴퓨터를 다룰 줄 아는 것이 중요하다. 따라서 현재 우리가 특별한 재능이나 소질로 여기는 것이 절대적 타당성을 지닌다고 할 수는 없다.

이와 같은 측면은 특별한 재능에 관한 우리의 모든 생각을 불확실하게 만든다. 예컨대 나무를 기가 막히게 잘 기어오르는 아이는 성인 수학자들도 못 푸는 수학 문제를 척척 풀어내는 아이와 마찬가지로 뛰어난 재능을 지니고 있는 게 아닐까?

여기에서 우리는 자기 생각을 정리해볼 필요가 있다. 그리고 무엇을 특별한 재능으로 간주하는가와 관련하여 지금의 시대정신에 지배받고 있는 우리의 생각이 특히 그 생각에 따라 재능이 있다거나 없다고 평가받는 이들에게 어떤 영향을 미치는지 의문을 가져봐야 한다. 그와 같은 평가의 대상이 되는 아이들이 재능이 있다고 평가받든 아니든 똑같이 불리한 결과가 따른다. 재능이 있다고 평가받아서 자신을 현 사회의 특별하고 가치 있는 구성원으로 여기는 쪽이나, 반대로 재능이 없다는 평가로 인해 열등감과 소외감을 느끼는 쪽이나 그런 평가가 전혀 도움이 안 되기는 마찬가지이기 때문이다.

그다음으로 특별한 재능에 대한 우리의 생각에 의문을 갖게 하는 두 번째 측면을 살펴보자. 분자생물학자들이 막대한 연구비 지원을 받아가며 온갖 노력을 기울였음에도, 지금까지 비범한 재능을 설명할 만한 유전적 소질을 단 한 가지도 밝혀내지 못했다는 사실이다.

그러므로 내키지 않더라도 특수한 '모차르트 유전자'나 '아인슈타인 유전자' 같은 것은 존재하지 않는다는 사실을 인정해야 한다. 우리의 기준에 따라 천재로 평가받는 고인들의 뇌를 살펴봐도 아직은 구조적으로 특별한 점을 발견하지 못했다. 그렇다면 우리 눈에 천재로 보이는 이 사람들의 유전적 소질을 아주 특별한 뇌 구조 말고 다른 것으로 설명해야 할까? 이 문제는 깊이 생각해 볼 만한 가치가 충분하다.

영재성 분야의 연구학자들은 대부분 아직 알려지지 않은 유전적 소질과 정확하게 밝혀지지 않은 환경요인이 더할 나위 없이 유리하게 작용해서 재능 있는 아이들이 태어난다는 설명으로 이 문제를 해결하려는 중이다. 그러나 이는 곧 일부 아이들이 다른 아이들보다 특정 능력을 더 잘 갖추게 되는 이유에 대해 아무 설명도 할 수 없음을 전문가들이 시인하는 것이나 다름없다. 특별한 재능의 근거나 현재 우리가 특별한 재능으로 여기고 있는 것에 대한 의문을 이렇다 하게 설명할 길이 없으므로, 사실상 도출할 수 있는 결론은 한 가지밖에 없다. 즉, '모든 아이에게 뛰어난 재능이 있다'는 것이다. 이 아이에게는 이런 재능이, 또 저 아이에게는 저런 재능이 있다는 것은 어떤 아이에게도 문제 될 것이 없다. 다만 그것을 문제 삼는 것은 바로 우리 어른들이다. 그러므로 이제부터 모든 아이가 어떤 놀라운 재능을 가지고 태어나며, 우리가 그 재능을 어떻게 바라보고 대하는지 조금 더 자세히 살펴본다면 많은 도움이 될 것이다.

사 랑 과
애 착

　　우리는 아기가 부모와 자기 삶을 사랑하는지 어떤지 알지 못한다. 하지만 아기가 우리에게 보여 주는 모든 것이 사랑을 가지고 태어난다는 것을 말해 주고 있다. 아기는 어른처럼 의식적이고 신중하며 성숙한 자세로 사랑하는 것이 아니라, 내적 소질, 즉 뇌에 이미 고착되어 있어 행동반응을 조정하는 기본 패턴에 따라 사랑한다.

　　신경 생물학자와 신생아 연구가들이 알아낸 바로는, 인간의 뇌는 출생 전부터 이미 태아의 몸과 엄마의 몸에서 나오는 신호 패턴에 따라 구조를 갖춘다고 한다. 임신 상태가 개별적으로 어떻게 진행되든 상관없이, 어느 태아든 자신이 능력을 한 가지씩 습득해 나가고 날마다 조금씩 자라고 있음을 체험하게 된다. 그리고 태아는 이러한 성장 및 발달 과정에서 엄마와 가장 밀접하게 연결되어 있다. 이처럼 무의식적인 경험은 뇌에서 가장 오래된 영역에 저장된다. 그러니까 어느 아이든 애착 관계를 형성하면서 동시에 자신의 성장이 가능하다는 무의식적인 깨달음을 가지고 태어나는 셈이다. 그리고 그 출생 전 경험이 태어난 이후에 아기가 계속 밀접한 애착 관계 안에서 성장하고 새로운 경험을 쌓으며, 능력을 습득하면서 자립을 요구할 수 있을지를 좌우한다. 아기는 애착에 대한 자신의 욕구를 충족시키기 위해 태어나는 순간부터 친밀하고 안전한 관계를 모색한다. 그래서 사랑을 얻기 위해 자기가 할 수 있는 일을 한다.

이것이 바로 아기가 자기 부모를 사랑하는 방식의 특징이기도 하다. 아기는 힘들여서 노력할 필요도 없거니와, 케케묵은 행동 및 평가 패턴을 쫓을 필요도 없다. 뇌 속에 습관이나 선입견 같은 것이 아직 형성되어 있지 않고 좋지 않은 경험을 하지 않은 시기이기도

아이들은 어떤 재능을 가지고 태어날까?

하다. 또한, 불신이라는 것을 아직 모를 때여서 그런 감정을 억누르거나 이겨낼 필요도 없다. 아기는 사랑스러우며, 보는 이로 하여금 미소를 자아내는 자신의 있는 모습 그대로인 것이 옳다고 여긴다.

사랑은 엄마 뱃속에 자리를 잡는 순간부터 싹트기 시작한다. 어느 아이든 엄마 뱃속에서 자신이 얼마나 안전한지 체험할 뿐만 아니라, 그 속에서 날마다 조금씩 엄마를 알아간다. 태아는 엄마의 혈관을 비롯하여 위와 장에서 나는 소리를 듣고 심장 고동을 느낀다. 그러면서 엄마의 기분을 파악한다. 즉, 엄마가 안정감과 사랑을 느끼면, 그 느낌은 고스란히 아기에게 전해진다.

그뿐만 아니라 양수를 삼킬 때마다 태아는 엄마가 무엇을 즐겨 먹거나 마시는지 알게 된다. 양수에는 페로몬이라는 물질이 들어 있는데, 이 향 물질은 엄마의 피부, 특히 엄마의 유두에서도 분비된다. 페로몬은 양수 안으로 흡수되기도 하므로, 엄마가 임신했을 때 계피 과자를 즐겨 먹었다면 아기도 계피 냄새를 좋아하게 된다. 그 밖에도 마늘이나 코코아 냄새 등 엄마가 좋아하는 것이라면 아기도 무엇이든 다 좋아한다. 그렇게 해서 아기는 엄마 젖을 먹으면서 태아 시절에 이미 알고 있던 향 물질을 다시 접하게 된다.

또 아기는 엄마가 팔에 안고 흔들어 주는 것을 좋아한다. 세게 흔들어 주는 것을 좋아하는 아기가 있는가 하면, 조심스럽게 흔들어 주는 것을 좋아하는 아기도 있다. 어떤 식으로 흔들어 주는 것을 좋아하는가는 엄마가 임신했을 때 어떻게 몸을 움직였는가에 따라 달라진다. 그리고 아기는 엄마의 목소리나 즐겨 부르는 노래에도 익숙해진다. 연구 결과, 엄마가 독일어를 말하면 아기는 다른 언어보다 독일어로 된 소리를 더 좋아하는 것으로 나타났다. 독일 아기들은 독일어를, 또 중국 아기들이 중국어를 가장 쉽게 배우는 것도 그 때문이다.

● **엄마와의 거리 25센티미터**

아기는 출생 전 엄마 뱃속에서 하는 경험 덕분에 낯설기만 한 이 세상에 태어나자마자 자기 엄마를 금방 알아볼 수 있고, 엄마 품에서 편안함을 느낀다. 그것은 곧 자기 자신과 엄마의 관계에 대해 알게 되는 것이기도 하다. 서로 사랑한다는 것은 아기와 부모가 상호 관계를 맺고 서로 믿을 수 있다는 것을 의미한다.

일찍부터 사랑을 경험한 아이는 앞으로도 계속 사랑받기를 원한다. 그런데 사랑할 때도 처음에 불같이 타오르던 열정이 식지 않게 하려면 조심해야 한다. 사랑이 넘치는 관계를 유지하기 위해서는 인내심과 끈기 그리고 시간이 필요하다.

부모가 자식을 사랑하는 것은 자연의 섭리이다. 사랑과 관련이 있는 호르몬들은 임신 동안 엄마의 몸을 출산에 대비시킨다. 예를 들어, 옥시토신은 자궁 수축을 촉진하며 황홀한 행복감을 불러일으키므로 사랑의 호르몬이라 불린다.

한편, 아기도 사랑을 얻기 위해 자기가 할 수 있는 일을 한다. 그래서 아기는 자기가 기대하는 대로 행동하는 엄마를 보고 살인 미소를 선사한다. 그 미소를 선사 받으려면 엄마와 아기 간의 간격이 정확하게 25센티미터가 될 만큼 엄마가 몸을 숙여야 한다. 신생아는 25센티미터 떨어진 거리에서만 선명하게 볼 수 있기 때문이다. 그런 식으로 신생아는 엄마가 가까이 다가오게 한다. 그러나 엄마가 아기의 머리 위쪽에서 거꾸로 몸을 숙이면 아기는 갑자기 눈 위에 입이 있는 사람을 발견하게 된다. 그런 모습은 아기에게 익숙하지가 않아서 두려움을 불러일으키기도 한다.

● 어느 아이든 애착에 대한 간절한 욕구가 있다

아기는 누군가와 같이 있는 것에 대해 어른과는 전혀 다르게 생각한다. 우리는 몇 분쯤 아기를 혼자 놔둬도 괜찮을 거라고 생각한다. 그런데 예민한 아기들은 신뢰하는 사람이 한순간이라도 눈앞에 보이지 않으면 숨이 넘어가게 울어댄다. 엄마는 그냥 다른 볼일을 잠깐 보는 것뿐이지만, 그것이 아기한테는 낯선 나라를 여행하는 것이나 다름없다. 따라서 아기는 혼자 버려진 느낌과 함께 극한의 공포에 사로잡히게 된다. 그런 상태에서 벗어나게 하려면 아기에게 환한 미소를 지어주거나 괜찮다고 달래주는 수밖에 없다. 그런 식으로 아이는 자신의 느낌이 인지되고 있음을 알게 된다. 부모의 팔에 안긴 아기처럼 무조건 자신을 내맡기는 것은 인생에 있어서 그 시기가 아니면 할 수 없는 일이다.

물론 모든 아이가 사랑받고 보호받는 경험을 하면서 성장하는 행운을 누리는 것은 아니다. 하지만 어느 아이든 애착에 대한 자신의 간절한 욕구를 엄마, 그리고 더 나아가 아빠와 다른 양육자한테서 충족시킬 수 있다면 뭐든 다 할 용의가 있다. 그래서 아이는 부모가 자신에게 어떤 모습을 기대하는지를 예민한 감각으로 알아차린다. 다만 지나치게 열심히 자신에게 주어진 역할을 다하려고 드는 아이가 있다. 그처럼 유난히 성실한 아이는 나중에 더는 자기 자신을 좋아하지 않게 되고, 그로 말미암은 절망감을 자기 파괴적인 행동으로 표출하여 아무것도 모르는 부모를 아연실색하게 만드는 예가 적지 않다.

- ## 사랑받고 안전하게 자란 우리 아이

　사랑받고 안전하게 보호받고자 하는 첫 시도에서 이미 좌절을 겪는 아이도 있다. 그런 아이는 아무리 노력해도 부모를 만족하게 할 수 없다. 처음부터 부모에 대한 자신의 사랑을 표현할 기회가 주어지지 않기 때문이다. 그 아이는 자신의 애착 욕구를 아주 일찍부터 억누르는 수밖에 달리 도리가 없다.

　그런가 하면 어떤 아이의 부모는 애정을 갖고 자녀를 있는 그대로 받아들인다. 그런 부모는 자신이 은근히 바라는 것을 아이가 성취하기를 기대하지 않으며, 아이를 어떤 모습으로 만들려고 하지 않는다. 또 자신의 부족함을 채우거나 자랑거리로 내보일 요량으로 아이를 이용하지도 않는다. 그런 부모의 진정한 사랑을 받고 자라는 아이는 부모를 비롯하여 갈수록 많아지는 다른 사람과의 애착 관계 속에서 타고난 개방적 성향과 탐구욕을 잃지 않으며 더 자유롭고 자율적으로 성장해갈 수 있다. 그리고 평생 타인에게 사랑을 주면서 자신의 잠재력을 펼칠 수 있다. 왜냐하면, 그 아이 자신이 있는 그대로 부모로부터 사랑을 받아왔기 때문이다.

개방적
성향과
탐구욕

- **우리 아이가 단 하나뿐인 존재가 되기까지**

당신이 아마존 유역의 인디언으로 태어났다고 상상해 보라. 그랬다면 당신은 120가지의 다양한 녹색을 구별하고 명명하는 법을 배웠을 것이며, 당신의 뇌 안에서는 그에 필요한 뉴런 연결 패턴이 저절로 자리를 잡았을 것이다. 이는 녹색 천지인 열대우림에서는 색조를 자세하게 구분할 줄 아는 것이 중요하기 때문이다. 또 당신이 그린란드의 이누이트 족으로 태어났더라면, 눈을 읽는 법과 수

많은 형태의 얼음 결정체를 정확하게 명명하는 법을 배웠으리라. 이밖에 다른 어느 곳에서 태어나 자랐다고 하더라도, 저마다 다른 지식이 당신에게 특히 중요했을 것이다. 어떤 장소든 당신이 태어나 자라게 되는 가정은 모두 아주 특별한 가정이고 각 가정마다 어떤 특정한 것에 더 큰 가치를 두기 때문에, 당신은 그 가정에서 중요하게 여겨지는 것을 습득하게 된다. 이에 따라 당신의 뇌 안에는 신경세포가 연결되었을 것이고, 어떤 영역에서는 더 복잡한, 또 어떤 영역에서는 더 단순한 연결 패턴이 형성된다.

인간의 유전 소질은 약 1,000억 개에 이르는 뇌 신경세포가 어떻게 서로 연결되어야 할지를 결정하지 않는다. 유전 소질이 담당하는 일은 일단 신경세포와 이 신경세포 간의 연결망을 넘치도록 많이 준비해놓는 것뿐이다. 그러므로 처음에는 우리의 뇌 안에서 이루어질 수 있는 신경세포의 연결 가능성이 어마어마하게 많다. 상다리가 부러지게 음식이 차려져 있으니 우리는 그저 상 앞에 앉기만 하면 되는 것이다.

이 경이로운 세계에서는 매일같이 처음부터 이미 준비된 신경세포 연결망 가운데 어떤 것이 보존되고 또 어떤 것이 퇴화할지 결정된다. 이 결정 과정을 좌우하는 것은 아이가 얻는 경험과 자극, 격려, 보상 같은 것이다. 다시 말해, 뇌가 받아들이고 평가하는 신호들이 중요한 셈이다.

그러므로 어떤 신경세포와 어떤 신경세포 연결망이 나중에 긴히 필요해지고 그래서 안정화되는지는 실제로 뇌가 어떻게, 무엇에 이용되는가에 의해 결정된다.

가장 먼저 형태를 갖춰 조금 더 오래된 뇌 영역에 처음으로 들어오는 신호들은 자기 몸에서 나오는 것들이다. 이런 식으로 태아의 뇌는 자기 몸에서 위쪽으로 전달되는 신호 패턴을 이용하여 어마어마하게 많은 신경세포와 신경세포 연결망 가운데 실제로 어느 것이 필요하고 또 반복적으로 활성화되는지 학습하게 된다. 그러는 동안 몸이나 뇌의 지속적인 발달을 저해하지 않는 방향으로 이 신호들을 처리하는 데 있어 어떤 반응 패턴이 적합한지도 배운다. 이와 같은 연결망은 안정화되고 보존되는 반면, 나머지는 제거되거나 소실된다.

이렇게 해서 어느 아이든 단 하나밖에 없는 존재로 세상에 나오게 된다. 자기 몸에 딱 맞는, 그리고 자기 몸에서 일어나는 모든 일에 잘 반응할 수 있도록 완벽하게 준비된 뇌를 가지고서 말이다. 그리고 그 뇌의 도움으로 아이는 엄마와 좋은 관계를 형성할 수 있다. 그처럼 안정적인 애착 형성은 신생아가 온갖 경험에 대한 개방적 성향을 잃지 않는 데 있어서 결정적인 역할을 한다. 엄마에게 매달리고 칭얼거리는 아이를 보면 안정적으로 애착이 형성되지 않았음을 알 수 있다. 안정적으로 애착이 형성된 아이라면, 호기심과 흥미를 느끼고 자기 주변에서 크고 작은 것들을 발견하고 탐구한다. 또 각종 암호를 해독하고 비밀을 찾아내면서 삶을 배워간다. 누군가 자기 옆에 서서 도움을 줄 거라고 늘 확신하면서.

● 새로운 것을 해낼 때마다 두뇌에서 일어나는 '열광의 폭풍'

감정 다루는 법을 배우고 신뢰를 키우기 위해 아이들은 자신이 중요하다는 것을 경험해야 한다. 이것은 애정 어린 관계의 보호를 받아야만 가능한 일이다. 어린아이들은 자기가 잘하고 있다는 것을 끊임없이 확인받으려고 한다. 따라서 그런 식으로 격려하면, 아이들은 용기를 내서 다음 발걸음을 뗀다. 특히 생후 3~6개월 사이의 영아에게는 1초 안에 엄마가 반응해야 한다. 뭔가 청하는 시선을 보냈는데도 바로 응대하지 않으면 아이는 시선을 다른 데로 돌려버린다.

　　새로운 것을 발견하고 깨달으며 해낼 수 있을 때마다, 아이의 뇌 안에서는 어른들이 실감하기 어려운 '열광의 폭풍'이 휘몰아친다. 자기 자신과 아직 남아 있는 모든 발견 대상에 대한 이 열광은 뇌의 지속적인 발달에서 가장 중요한 '연료'가 된다. 안정적으로 애착이 형성된 아이는 날마다 그와 같은 열광의 폭풍을 연이어 체험한다. 새로운 경험에 매료되는가 하면, 자기가 하루하루 더 잘할 수 있는 것에 완전히 압도되기도 한다. 이처럼 새롭게 발견해낸 것에 자극을 받으면 중뇌의 감정 중추가 활성화된다. 그러면 이 세포군은 일명 신경성형 전령물질을 더 많이 내보낸다. 뭔가에 도취된 상태에서 활성화되는 뉴런 네트워크에 거름과 같은 역할을 하는 이 전령물질은 신경세포로 하여금 새로운 신경돌기 성장과 신경연접(시냅스) 형성에 필요한 모든 단백질을 더 많이 생산하게 한다. 그리

고 아이는 자신에게 중요한 것이어서 정말로 관심을 둘 수 있어야
만 열광하게 된다.

• 아이가 생각하게 하라

하지만 나이가 들수록 이처럼 열광하는 능력을 유지하기가 점
점 어려워진다. 시간이 갈수록 이미 발견했거나 알게 된 것이 많아
져서 그런 것만은 아니다. 구겨서 뭉친 종이는 아이가 그게 뭔지 모
를 때까지만 흥미를 유발할 수 있다. 대상이 어떤 특성이 있는지 알
아내기 위해 펼쳐보기도 하고 찢어보기도 하는 등 열심히 탐색할
때까지는 말이다. 그러다가 그 종이를 이용해서 무엇을 할 수 있을
지에 관심을 둔다. 아이가 놀이하듯 세상을 알아가는 과정은 언제
나 그런 식으로 진행된다. 그런데 이 과정이 구겨서 뭉친 종이를 어
떻게 해야 하는지 따위는 고민할 필요도 없다고 생각하는 누군가에
의해 방해받을 때가 너무나도 많다. 그 누군가는 조금도 주저하지
않고 종이를 휴지통에 버리면서 아이한테도 그렇게 하라고 일러둔
다. 그런 식으로 자신이 중요한 아이의 성장 과정을 망치고 있음을

생각조차 못 한다. 그때부터 아이는 구겨진 종이라면 무조건 휴지통에 넣으면서 그것으로 엄마 아빠를 기쁘게 할 수 있다는 것에 만족하게 된다. 부모가 잘했다고 기뻐해 주니까 구겨진 종이는 무조건 휴지통에 넣는 것이라는 고정관념이 생기는 것이다.

어쩌면 다른 누군가가 와서 아이에게 그런 종이는 그냥 그대로 두라거나 어른들이 알아서 할 거라는 식으로 이야기할지도 모른다. 그렇게 아이는 날마다 조금씩 실제 삶에 대해 배워가지만, 이와 같은 가르침을 얻을 때마다 아이가 처음에 가지고 있던 열광도 차츰 줄어든다. 어른이 이성적으로 따지면서 꿈을 깨버리거나 아이로서는 대단한 발견인 것을 간단히 무시해 버리거나 상대화하면, 아이의 풍부한 상상력도 자취를 감추고 만다.

• 까다로운 고집도 꼭 필요하다

그런데도 우리는 집에서든 학교에서든 이렇게 해라 저렇게 해라 하면서 계속 아이들을 가르친다. 그러면 아이는 우리 어른이 무엇을 중요하게 여기는지 충분히 알고 명심할 만큼 잘 배운다. 하지만 그럴수록 아이는 자기 혼자 힘으로 발견할 수 있는 것에 대한 흥미를 점점 잃고 만다. 그리고 아이에게 중요한 사람들이 무엇을 중시하는지에만 관심을 둔다. 결국 무엇이 중요하고 또 열광할 가치가 있는지를 결정하는 것은 아이 본인이 아니라 바로 그 사람들이다.

아이는 점점 더 그 사람들에게 얽매여서 더는 새로운 것에 다가갈 엄두를 못 내거나 혼자서는 아무 것도 할 수 없게 될지도 모른다. 그래서 세상은 물론이고 끊임없이 잔소리만 늘어놓는 부모나 교사들에게 마음의 문을 닫아버리고 말 것이다. 이와 같은 실망을 경험하지 않고 자신의 개방적 성향을 잃지 않는 아이는 소수에 불과하다. 이 소수의 아이는 자기 자신과 스스로 발견해내는 모든 것에 끝없이 열광하기 때문에 훗날 다른 사람들의 신경에 거슬리는, 까다롭고 제멋대로이며 고집 센 아이가 될지도 모른다. 하지만 이 아이야말로 어느 공동체든 그 인습적인 사고에 갇혀 우물 안 개구리 신세가 되지 않으려면 반드시 필요한 고집쟁이다.

창 의 력 과
조 형 욕 구

● **아이의 창의력을 방해하지 마라**

어린아이가 주방기구를 가지고 자동차나 배, 비행기 같은 것을 만들어내는 모습을 지켜본 사람이라면, 창의력과 조형 욕구가 우리 아이들에게 먼저 가르쳐 주어야 할 능력에 속한다는 사실이 믿기지 않을 것이다. 아이들은 생각이 떠오르는 대로 무엇이든 시도해 보는데, 이처럼 풍부한 상상력은 우리가 그 과정을 방해하지만 않으면 저절로 발달된다. 그러나 인정하고 싶지 않겠지만 자기도 모르게 그 과정을 방해하는 때가 예상외로 많다.

　한 꼬마 기술자가 사람들의 찬사를 기대하면서 자신이 만든 작품 앞에 앉아 있다고 하자. 그런데 곧 그 아이의 기대는 처참하게 무너지고 만다. 시간을 내서 아이의 작품을 같이 구경하며 칭찬해주는 사람이 하나도 없거나, 멋진 배의 돛대여야 할 나무주걱이 수프를 젓는 데 사용되거나 하기 때문이다. 이런 일이 자주 일어나면, 아이의 뇌는 자신의 아이디어에 제대로 관심을 두는 사람이 아무도 없다는 경험을 저장한다. 또는, 주방은 발견을 위한 적당한 장소가 아니며 나무주걱은 돛대가 될 수 없다는 경험을 저장하기도 한다. 그런 식으로 처음에는 의욕이나 기쁨과 결부되어 있던 감정이 좌절감과 연결된다. 그런 경험이 쌓이면 뇌에서 처음에 긍정적이던 자극이 부정적인 감정과 결합한다. 그래서 아이는 다른 사람에게서 격려나 확인을 받지 못하면 뭔가를 조립하거나 할 마음이 사라지게 된다. 그러면 스스로 무슨 생각을 해내는 대신에 그냥 하라는 대로 하는 수동적인 아이가 되는 것이다.

　부모와 교사가 조금만 신경을 쓰면 아이는 그런 경험을 피할 수 있다. 그러기 위해서는 아이에게 자기 자신과 자신의 능력을 차츰 알아갈 기회를 주어야 한다. 이때 어른들은 거의 뒤로 물러나 있고 아이가 주도하게 해야 한다.

　다른 사람과 같이 뭔가를 하면서 자기 자신을 발견할 수 있다면 아이에게 참 다행스러운 일이다. 그런데 이와 같은 경험이 허용되지 않으면 나중에 문제가 생길 수밖에 없다. 그런 아이는 같이 뭔가를 만드는 과정에서가 아니라 자신에게 가장 중요한 양육자와의 밀접한 관계에서만 자신의 애착 욕구를 충족시킬 수 있기 때문이다. 그럴 때 아이는 어떻게 해서든 양육자의 관심을 끌려고 한다. 가는 곳마다 양육자의 뒤를 쫓아다니면서 옆에 붙어 떨어지지 않으려는 식으로 말이다. 그러다가 아이가 좀 나이가 들면 그처럼 밀접한 관계가 자신의 가능성을 펼치는 데 방해가 되는 느낌이 들기 시작한다. 구속받는다는 생각과 부자유스러운 느낌이 갈수록 더해 가면서 성장과 자립 그리고 자유를 향한 자신의 두 번째 기본욕구를 충분히 채우지 못해 힘들어한다. 그리고 이와 같은 내적 갈등은 반항적이고 순종하지 않는 태도로 나타난다. 그러면 부모도 자녀도 모두 괴롭기 때문에 한 지붕 밑에서 같이 살기가 점점 어려워진다. 더불어 부모와 자녀의 관계가 위태로워지는 것은 말할 필요도 없다.

이와 같은 혼란은 특히 아이의 뇌에 영향을 끼친다. 부모의 신경연결망은 이미 형성되어 거의 고정된 상태이기 때문에 부모의 전뇌에는 별 영향을 주지 않으며, 영향을 주더라도 일시적일 뿐이다. 하지만 아이의 뇌에는 이러한 관계 장해가 지속해서 악영향을 미칠수 있다. 아이의 전뇌 신경세포 네트워크는 형성되어야 하고 또 안정화되어야 한다. 그런데 혼란 상태가 계속 뇌를 지배하면 신경세포 네트워크가 제대로 형성되지 못한다. 그 때문에 학습에 어려움이 생길뿐만 아니라, 전뇌가 기능할 때와 메타능력을 습득할 때 방해를 받는다. 복잡한 인간의 메타능력에 속하는 것으로는 자극을 제어하거나 좌절감을 견디고 행동을 계획하는 능력, 자신이 하는 일의 결과를 예측하고 다른 사람의 입장이 되어 공감하는 능력, 책임을 지고 어떤 일에 관심을 기울이는 능력 등이 있다.

● **다양한 기회와 책임을 맛보게 하라**

아이들은 문제를 해결하고 도전에 응하면서 자신의 경험을 통해서만 이 중요한 메타능력을 습득할 수 있다. 그래야만 뇌 안에 그와 관련된 신경세포 네트워크가 형성되고 안정화된다.

그 능력은 명령한다고 생길 수 있는 것도 아니고 아이에게 가르칠 수 있는 것도 아니다. 아이의 삶에 결정적인 역할을 하는 이 중요한 능력은 스스로 사고하고 행동하며 발견해야만 얻을 수 있다. 그리고 대부분 뜻밖이라고 생각하겠지만, 놀이하는 과정에서 이런 능력을 습득하게 된다. 우리가 의도하든 그렇지 않든 아이에게 문제를 던져줄 때, 아이는 놀면서 해결하는 가운데 삶을 준비한다. 놀이를 하면서 아이는 새로운 능력을 습득하고 가장 중요한 경험을 하는 셈이다. 어른들이 감시하거나 통제하지 않는 자기 나름의 놀이에서 아이는 연대감이나 소속감이 느껴지는 다른 친구들을 접하게 된다. 이 과정에서 갈등을 없애고 언제나 새로운 도전에 맞서는 법을 배우는 것이다.

때로 아이가 노는 모습을 지켜보면서 우리가 너무 쉽게 잊어버리는 것이 있다. 그건 아이가 나름대로 놀면서도 우리가 삶에 대처하기 위한 해결책으로 시범을 보이는 바로 그것을 습득하려고 애쓴다는 사실이다.

인간의 뇌는 어떤 사실을 암기하기 위해서가 아니라 문제를 해결하기 위해 최적화되어 있다. 그러므로 아이는 끊임없이 자신의 성장에 도움이 되는 새로운 도전을 모색한다. 따라서 아이에게 자기 자신을 드러낼 수 있고, 중요한 일에 동참하거나 책임을 떠안을 다양한 기회를 주는 것이 좋다. 그래야만 아이는 남들과 함께 조형해 나가는 것에서 기쁨을 맛볼 수 있다.

사람의 뇌는 사회적 관계 안에서 하는 경험 덕분에 발달한다. 다른 사람과의 좋지 못한 경험은 아이로 하여금 자신을 보호하기 위해 남들로부터 자신을 격리한다.

한편, 탐구욕과 조형 욕구를 독려하는 긍정적인 경험은 아이들이 다른 사람과 함께 뭔가를 발견하고 만들거나, 그냥 어떤 것에 관심을 두는 것이 얼마나 근사한지 알게 되는 공동체 내에서만 가능하다.

믿음과 확신

- **경험 1온스는 이론 1톤의 가치가 있다**

출생 전과 영유아기에 발달해 가는 뇌의 모습을 지켜볼 수 있다면, 우리는 놀라움을 금치 못할 것이다. 세포 분열로 수백만 개의 신경세포가 형성되고 세포 집단으로 체계화되는 모습을 본다면 말이다. 이 신경세포에서 자라나는 돌기를 찾아볼 수 있으며, 신경세포 가운데 상당 부분이 네트워크에 잘 적응하지 못하고 특정 기능을 수행하는 데 실패해서 괴사하거나 영원히 자취를 감추는 모습을 목격할 수도 있다.

남아 있는 신경세포들은 서로 분명하게 구분되는 집단으로 조직되어 점점 더 조밀해지는 섬유 및 돌기 네트워크를 형성한다. 뇌의 영역별로 시간적인 순서에 따라 뒤쪽의 뇌간에서 앞쪽에 있는 전두엽으로 이 단계가 진행되는 동안, 마치 모든 신경세포가 최대한 많은 시냅스를 통해 다른 신경세포와 연결되고 싶어 하는 것처럼 보인다. 뇌간에서는 출생 전에, 전두엽에서는 만 6세 무렵에 이르는 이 시점에 시냅스의 수는 최대에 달한다. 모든 신경세포가 일단 연결되면, 쓸모없거나 사용되거나 자극을 통해 안정화되지 않은 시냅스들은 다시 해체된다. 공급은 얼마든지 있는데, 수요가 문제이다. 그리고 수요는 아이가 하는 경험으로 좌우된다.

그 때문에 어린 시절부터 풍부한 경험을 해야 한다는 것이다. 우리는 많은 것을 체험한 사람을 만나면 '경험이 풍부하다'고 말하며, 또 경험을 높이 평가해서 이러한 사람을 더 신뢰한다. 미국 독립선언을 기초한 사람 가운데 하나인 벤저민 프랭클린이 이르기를, 경험 1온스는 이론 1톤의 가치가 있다고 했다.

여기서 한 가지 더 중요한 것은 남이 대신해 주는 경험이 아니라 반드시 스스로 하는 경험이어야 한다는 것이다. 아이는 스스로 행동하고 세상 이치를 자기 힘으로 알아내고 싶어 한다. 그뿐만 아니라 어른들이 도저히 따라 하기 어려울 만큼 놀라운 끈기를 가지고 학습한다. 예를 들면, 최고의 운동선수에 버금가는 지구력을 가지고 아기는 일어나 앉을 수 있을 때까지 이런저런 동작을 반복한다. 언젠가는 해낼 수 있다고 굳게 믿으면서 멈추지 않고 시도하는 것이다. 어느 아이나 이러한 믿음과 확신을 품고 태어난다. 그렇지 않으면 단 하루도 생존하기 어려울 것이다.

이러한 믿음과 확신이 생기게 되는 건 아이가 엄마 뱃속에 있을 때부터 자신의 욕구가 충족되고 자기 삶을 통제할 수 있음을 체험하기 때문이다. 보호받고 안전한 느낌, 친밀감, 온기 등을 엄마 뱃속에 있는 9개월 동안 경험한다. 그리고 이 경험은 태아의 뇌 속에 단단히 고정된다. 그렇게 해서 아이는 세상 밖으로 나온 후에도 계속 보호와 따스한 보살핌을 받을 것이라고 굳게 믿는다. 보호나 보살핌과 같은 말들이 무슨 의미인지 짐작조차 못 할지라도, 모든 아이가 그런 기대를 한다.

이 원초적 믿음은 아이가 자신에게 낯설기만 한 세상에서 이미 친숙한 것을 보고 다시 인지하게 되는 모든 것을 통해 더 굳건해진다. 그와 더불어 아이가 이제 친숙해진 엄마와의 관계에서 하게 되는, 그리고 세상을 이해하고 적응하는 데 도움이 되는 새로운 경험들까지도 다시 친숙한 것이 된다. 그런 식으로 믿음에서 또 믿음이 생겨나고, 지금까지 만사가 순조로웠다는 경험에서 모든 일이 잘되리라는 확신이 생기는 것이다.

● 믿음은 길을 잃기 쉽다

새로운 것을 경험할 때마다 뇌에서는 새로운 연결이 이루어진다. 출생 전에 형성된 연결 패턴은 훗날의 경험을 통해 더는 변경될 수 없을 만큼 단단하게 고정되어 있지 않다. 아이는 자신이 인지하거나 세상에서 발견하는 것과 연관을 맺으면서 끊임없이 학습한다. 어른과 마찬가지로 아이도 새로운 인지나 경험을 이미 존재해서 자기가 알고 있거나 친숙한 것과 연관 지으려고 시도해야 한다. 그리고 아이는 누구나 새로운 것에 응하거나 새로운 것을 시험해볼 용의가 클수록 세상으로 나아가는 데 필요한 믿음과 확신이 더 커

아이들은 어떤 재능을 가지고 태어날까?

진다. 아이에게 일어날 수 있는 최악은 바로 그와 같은 믿음을 잃는 것이다.

그 유형이 어떻든 불안이나 두려움, 압박감 같은 것은 아이의 뇌에 혼란과 흥분을 유발하며, 이를 확산시킨다. 그와 같은 조건에서는 감각통로를 통해 뇌에 전달되는 인지 패턴이 이미 저장된 기억과 연관되기 힘들다. 그래서 새로운 것이 학습되지도 않고 뇌에 고정되지도 않는 것이다. 흥분과 그로 말미암은 머릿속 혼란이 너무 커서 이미 학습한 것도 더는 기억하지 못하거나 이용하지 못할 때도 잦다. 그럴 때 그나마 제 기능을 하는 유일한 것은 아주 일찍 형성되어서 확실하게 길든 사고방식이나 행동 패턴이다. 아이는 더는 다른 도리가 없을 때마다 활성화되는 그 오래된 행동방식으로 되돌아간다. 이를테면 공격적(소리 지르기, 때리기)이거나 방어적(더는 보거나 듣거나 인지하려 하지 않기, 고집부리기, 자기편 찾기)인, 또는 움츠러드는(복종, 숨기, 관계단절) 행동을 하게 된다. 그렇게 되면 어느 아이든 개방적 성향이나 호기심, 믿음 등을 잃게 되고, 그와 더불어 새로운 것에 응하는 능력까지 상실하고 만다. 이와 같은 상태는 어른에게나 아이에게나 견디기 어려운 것일 수밖에 없다. 그럴 때 아이는 무기력감이나 모욕감을 느끼게 되고, 화를 내거나 체념하면서 주변의 실망에 반응한다.

따라서 이와 같은 상황에 빠지지 않으려면, 다른 사람이나 세상에서 체험하는 것과 연관을 맺기 위해 다른 어떤 것보다 더 많이 필요한, 믿음을 재발견할 기회를 아이에게 충분히 제공해야만 한다. 믿음이야말로 머릿속 혼란을 정리하고 학습에 필요한 개방적 성향과 내적 안정을 되찾는 데 안성맞춤인 감정이다. 그래서 아이라면 누구나 자신에게 안전을 제공하고 문제를 해결하는 데 도움이 되는 사람들을 혼자 힘으로 찾는 것이다. 그런 사람들은 인생에서 무엇이 중요한지 아이에게 말해줄뿐만 아니라 시범을 보여 주며, 그런 식으로 자신의 가능성을 발견하는 과정에서 방향을 제시해 준다.

- **아이는 부모에게 무한한 신뢰를 보낸다**

아이가 제일 처음 무조건 신뢰하는 사람은 부모다. 부모가 자

아이들은 어떤 재능을 가지고 태어날까?

신을 이해한다고 느끼거나 음식물 섭취, 따스함, 애정 어린 손길에 대한 자신의 욕구가 충족되면, 아이는 부모가 함께 있을 때 보호받는 편안함을 느낀다. 이처럼 안전을 제공하는 애착 관계는 아이가 첫돌이 되기 전부터 새로운 것을 많이 인지하고 시험해보면서 경험한 것을 뇌 속에 단단히 고정하기 위한 전제 조건이 된다. 처음에는 헐겁기 짝이 없는 이 연결 패턴을 고정하기 위해 아이가 필요로 하는 것은, 주의 깊게 관찰하고 열심히 연습해 볼 시간과 마음의 안정이다.

학습교재를 스스로 선택할 수 있을 때 아이의 학습 성취도는 가장 높다. 타고난 탐험가인 아이는 자신의 호기심이 충족되는 것을 즐기며, 시도와 오류를 통해 세상을 개척해 나간다. 문제를 해결하는 경험을 많이 하면 할수록 아이는 더 담대해진다. 그리고 문제를 성공적으로 해결할 때마다 누군가 같이 기뻐해 주면 자기 혼자서 문제를 해결할 수 있고, 이를 통해 다른 사람을 행복하게 만든다는 아이의 믿음도 커진다.

믿음은 어린 시절에 세 가지 차원으로 발전해야 한다. 첫째는 문제를 해결할 수 있는 자신의 가능성과 능력에 대한 믿음이고, 둘째는 다른 사람들과 함께 어려운 상황을 해결할 수 있다는 믿음이다. 그리고 셋째는 부모가 자신에게 호의적이기 때문에 세상도 자신에게 호의적일 거라는 믿음이다.

세상 밖으로 나와서 얼마 안 되었을 때, 아이는 생명을 위협하는 위험이 어떤 것인지 아직 아무것도 모른다. 자기 부모가 어떤 문제로 씨름하고 있는지도 전혀 알지 못한다. 또 다행스럽게도 자신이 어떤 기대를 받고 있으며, 부모가 어떤 희망과 염려를 안고 세상을 향한 자신의 첫걸음을 지켜보고 있는지 짐작조차 못 한다. 그런가 하면 자신이 어떤 문제에서는 실패할 수도 있고, 자신의 믿음이 악용될 수도 있음을 알지 못한다. 이 모든 것은 나중에 가서야 알게 되는 일이다.

아이는 부모에게 무한한 신뢰를 보낸다. 모든 일이 잘되고 있으며 앞으로도 잘되기 바라기 때문이다. 아이가 따르는 삶의 원칙은 '희망'이다. 자녀에 대한 부모의 애정이 부족하다고 해도, 대부분의 아이는 자신의 부모나 양육자를 무조건 신뢰할 준비가 되어 있다. 그처럼 불리한 상황에서도 어느 아이든지 적어도 처음에는 자기 부모나 양육자의 기대를 어떻게든 충족시키기 위해 온 힘을 기울인다.

세상에 대한 아이의 믿음과 확신은 그만큼 크다. 아이는 그처럼 무한한 믿음과 확신을 이미 가지고 태어난다. 우리는 그저 아이가 그것을 빼앗기지 않도록 주의하기만 하면 된다.

끈 기 와
고 집

- ## 모든 것을 스스로 해내는 아이의 끈기

아기가 누운 자세에서 처음으로 뒤집기를 시도하는 모습을 지켜본 적이 있는가? 그럴 때 아기를 도와주고 싶은 충동을 억누르기 어렵다. 끊임없이 아기는 머리와 한쪽 팔을 들고 등을 구부리면서 애처롭게 바동거린다. 그러다 다리를 꼬면서 허리를 돌리게 되고, 마침내 뒤집기에 성공한다. 몸을 뒤집어 엎드린 자세가 된 아기는 자기 자신과 자신이 해낸 일에 열광한다. 어떻게 하는 건지 보여 주

아이들은 어떤 재능을 가지고 태어날까?

거나 가르쳐 준 사람은 아무도 없다. 완벽히 혼자 힘으로 알아낸 것이다. 그리고 배를 깔고 엎드리면 이제 곧 기어 다니기도 할 수 있다. 혼자 힘으로 생전 처음 아이는 바닥을 기어 자기가 원하는 대로 갈 수 있게 된 것이다. 끈기와 집념으로 세상에 새롭게 접근하는 일이 가능해진 셈이다.

이때부터 발견을 통해 아이는 일시적이나마 무한한 기쁨을 맛본다. 그러다 테이블 다리를 붙잡고 몸을 일으키기 시작하면 그 기쁨도 잠시뿐, 아이는 이 새로운 동작 패턴을 연습하느라 여념이 없다. 아직 비틀거리기는 하지만 마침내 자신의 두 발을 딛고 서는 순간, 아이는 두 눈을 반짝이며 마냥 행복해한다. 두 발로 서기에 성공해서 세상을 위에서 내려다볼 수 있다는 것을 알게 될 때까지는 개인차가 있지만 대략 1년쯤 걸린다. 아이는 이 모든 것을 스스로 해낸다. 또한, 누구의 도움도 필요로 하지 않으며 혼자 힘으로 해낸 것을 대단히 자랑스러워한다.

이처럼 새로운 능력을 습득할 때 누군가 이런 발전을 칭찬해 주고 기뻐해 주는 사람이 있으면 아이는 더 열심히 하게 된다. 과제를 수행하면서 더 강해지고 또 뭔가를 성취할 수 있는 능력을 갖추게 되는 것을 심리학에서는 자기효능감self-efficacy이라고 일컫는다. 자신의 능력에 대한 믿음을 통해 아이는 자신이 누구이며 무엇을 해낼 수 있는지 감지한다.

이런 행복감을 느낄 때 아이의 뇌에서는 중뇌의 감정 네트워크가 활성화된다. 이 신경 집단의 돌기 끝에서 엄청난 양의 신경성형 전령물질이 분비되고, 이 전령물질이 새로운 신경연결을 고정하는 역할을 한다. 다음 시도에서 아이는 몇 차례 균형을 잃어 엉덩방아를 찧기도 한다. 하지만 곧 똑바로 서는 데 필요한 연결 패턴이 안정화된다. 이제 아이는 자기가 가고 싶은 대로 기어가서 새롭게 발견하거나 자기 손에 쥘만한 게 있는지 스스로 살펴볼 수 있다. 그리고 아무것도 붙잡지 않고 혼자 설 수 있게 되면 걸음마를 시작한다. 이렇게 걸음마를 배우는 모습만 지켜봐도, 모든 아이가 얼마나 대단한 열의와 인내심을 가지고 삶의 방식을 스스로 찾아가는지 이해할 수 있다.

영아기에 모든 아이가 이 모든 능력을 혼자 힘으로 습득하는 것을 보면 실로 경이로울 따름이다. 처음에는 쥐는 동작을 제대로 못 하다가 점차 확실하게 쥐기와 잡기를 습득하는가 하면, 옹알이

아이들은 어떤 재능을 가지고 태어날까?

에서 낱말, 낱말에서 문장으로 넘어가면서 어느덧 자신의 의사를 말로 표현할 줄 알게 된다. 특별한 유전자 프로그램이 있어서 이런 능력을 담당하는 뇌 신경 연결 패턴을 조성하기 때문에 아이가 이 모든 것을 배우는 것은 아니다. 또 누가 가르쳐 줘서 아이가 그런 능력을 습득하는 것도 아니다. 단지 아이 스스로 원해서 배우는 것 뿐이다. 아이는 딸랑이를 잡아서 입에 넣고 싶어 한다. 그리고 몸을 뒤집고 기고 서고 걷고 싶어 하며, 자신의 바람과 욕구를 상대방이 알아듣게 말로 표현하고 싶어 한다.

- **반복을 통해 습득할 수 있다는 아이 나름의 표현 '고집'**

다만 중요한 것은 아이가 직접 보고 따라할 만한 대상이 있어야 한다는 것이다. 두 발로 걷고 말할 수 있는 사람, 또는 노래하고 춤추는 사람, 헤엄을 치거나 마당에서 뛰어다니는 사람이 아무도 없다면 아이는 그 어떤 것도 배울 수 없다. 우리의 뇌 안에는 거울 뉴런mirror neuron이라는 것이 있어서 누구나 타인의 동작 패턴이나 행동방식을 보고 충분히 공감할 수 있다. 공감 반응과 더불어 그와 관련된 신경세포 연결망이 이미 형성되기 시작하면서 그 동작이나 행동을 따라 하게 된다.

그러므로 이 모든 능력을 제대로 습득하려면 아이에게 중요한 누군가가 있어야 한다. 그 누군가는 아이가 정서적으로 친밀감을 느낄 수 있는 사람이다. 교사라면 누구나 경험하는 일이지만, 학생은 교사에게 느끼는 친밀감이 클수록 수업을 잘 따라온다. 친밀감에 대한 이 같은 욕구가 뇌에 깊이 뿌리박혀 있기 때문에, 아이는 자신에게 중요한 누군가가 이미 할 수 있는 것을 점차 습득해 나가고자 하는, 놀라우리만치 강한 의지를 키우게 된다.

지금까지 대단히 성공적으로 새로운 능력을 한 가지씩 습득한 사람은 앞으로도 계속 그러리라 기대하기 마련이다. 그 점에서는 어린아이도 어른과 다를 것이 없다. 그런데 우리는 어린아이가 대단한 열의를 가지고 어떤 의도를 실현시키고자 할 때 발달단계의 시기마다 특히 무엇에 열광하는지 잘 모를 때가 적지 않다. 또한, 아이의 의도가 부모나 양육자의 의도와 일치하지 않을 때도 많다. 그럴 때 아이는 "혼자 할래!"라고 큰소리로 외친다. 아이가 스스로 터득하고 싶어 하는 것을 엄마나 아빠가 나서서 도와주려고 하면 난리가 난다. 유치원에 서둘러 가야 하는데 아이가 신발 끈을 혼자 묶겠다고 고집을 부리는 사례가 바로 이에 해당한다. 고집이 어떤 건지 실감하게 되는 순간이다.

어른에게는 아이의 고집이 이처럼 성가실 때도 있긴 하지만, 고집을 꺾으려고 하는 것은 위험천만한 일이다. 고집은 아이가 지금까지 불굴의 의지로 자기 목표를 추구해온 것처럼 도전하면 새로운 능력도 한 가지씩 성공적으로 습득할 수 있다는 반복적인 경험의 표현일 뿐이다. 아이는 계속 노력해서 자기 자신과 다른 사람들에게 자신이 무엇을 할 수 있는지 보여 주고 싶어 한다. 그런데 자기가 고집을 부려 상대방을 짜증 나게 만들거나 거부당하는 일을 겪게 되면, 아이는 자신의 욕구를 억누를 수밖에 없다. 따라서 아이는 그 순간 달갑지 않은 것으로 여겨지는 행위를 억제하는 것에만 그치지 않고, 그 행위의 기초가 되는 자신의 의지까지 억누른다. 한 가지 행위뿐만 아니라 모든 행위의 기초가 되기도 하는 자신의 의지는, 특히 스스로 행동하고자 하는 의욕을 비롯하여 스스로 발견하고 조형하며 새로운 능력을 시험해보고 연습하고 싶은 마음을 유발하는 자극이 된다.

따라서 아이가 자신의 의지를 억누르게 되면, 자신의 조형 가능성과 발전에 대한 기본욕구도 상실하게 된다. 자신의 의지를 억누르도록 강요당하는 아이는 나무기둥을 튼튼한 철사로 조여서 수액이 나뭇가지로 올라가지 못하게 한 어린 나무와 같은 처지라고 볼 수 있다. 그런 나무는 더는 자라지 못하고 말라죽을 수밖에 없다. 그렇게 되면 아이는 자신의 세계를 발견하거나 조형하는 일을 멈춰버린다.

그런 식으로 체념이 학습될 수도 있다. 그에 필요한 연결 패턴이 아이의 뇌에 형성되어 고정되기 위해서는, 스스로 행동하고 사고하는 것을 억누르는 것이 중요하고 그럴만한 가치가 있다는 느낌이 들어야 한다. 그래야만 아이는 그 상황에서 긍정적인 면을 찾아낼 수 있다. 자신의 고집을 꺾고 부모나 양육자가 기대하는 대로 행동하면 아이는 다시 사랑과 관심을 받게 된다고 생각한다. 그리고 이제 자신이 부모나 양육자의 기대를 저버리지 않는 것에 만족하게 된다. 끔찍한 노릇이 아닐 수 없다. 이런 아이는 나중에 성공적으로 적응하는 일을 해냈을 때, 더는 자기 자신을 좋아하지 않을 수도 있다. 자기 고집을 완전히 버리고 나면 자신이 누구인지 도무지 알 수가 없기 때문이다.

한편, 어떤 아이는 고집을 부리지 않고 순순히 따르는 태도를 통해 부모나 양육자의 애정과 관심을 얻으려는 시도에서 실패하기도 한다. 그 아이는 권위적이고 독단적이며 애정 없이 규율만 중시하는 부모 밑에서 자라기 때문에, 친밀감이나 유대감에 대한 자신의 타고난 욕구를 억제하려고 애써야 한다. 유대감에 대한 욕구를 성공적으로 억누르려면 그렇게 하는 것에서 어떤 희열감을 느낄 수 있어야 한다. 예컨대 더 고집스럽게 행동하거나 반항하고 소리를 지르거나 하면 불쾌한 일이 더 많이 따르기 마련이고, 그렇게 되면 아이는 부모의 애정을 기대하기가 더 어려워진다고 생각한다. 이런 아이도 훗날 그들의 삶에서 결정적인 역할을 하게 될 친밀감과 유대감에 대한 타고난 욕구를 잃어버린다.

통 찰 력 과 공 감

- **아이는 이미 감정이입 능력을 가지고 태어난다**

통찰력이 있는 사람은 남이 쉽사리 지나쳐 버리는 것을 놓치지 않고 잘 본다. 그런 사람은 바로 판단을 내리지 않고 신중하게 생각하며, 잡념 없이 순간에 충실하다. 통찰력이 있다는 것은 곧 더 명확하게 사고하며, 선입견 없이 있는 모습 그대로를 인지한다는 뜻이기도 하다. '어쩌면 이렇지 않을까?', 혹은 '방금까지는 어땠었나?' 하는 생각에 빠져드는 일이 없다. 그래서 통찰력은 부주의함보다 세상을 이해하기에 훨씬 더 적합하다. 통찰력은 힘이 많이 들지도 않을뿐더러 오히려 에너지를 절약시킨다. 그 사실을 알고 있는 사람들이 부쩍 많아진 듯하다. 통찰력에 관한 강좌나 세미나가 점점 많아지고 있기 때문이다. 그런 강좌에서 우리는 어렸을 때 아주 잘할 수 있었던 것을 연습한다. 즉, 순간에 충실하고, 정확하게 느끼고 보는 방법을 훈련하는 것이다. 자기 자신을 느끼는 사람은 무엇이 다른 사람들의 마음을 움직이는지도 더 잘 감지할 수 있다.

종교에서도 통찰력과 공감은 교리의 중심이다. 불교에서 공감은 살아 있는 모든 존재에 대해 경의와 책임을 나타내는 정신적 자세로 간주한다. 따라서 불교도들은 통찰 명상을 하면서 공감을 수련한다. 달라이 라마는 공감이 유치하거나 감상적인 것이 아니라 진정으로 가치 있고 심오한 것이라고 말한다. 더불어 공감을 통해서 상대방으로부터 호감이나 긍정적인 반응을 얻어낼 수 있는 전제 조건을 갖추게 된다고 주장한다. 이것은 임마누엘 칸트의 정언명법이나 '네 이웃을 네 몸과 같이 사랑하라'는 예수의 가르침과도 일맥상통한다.

어떻게 해서 감정이입이 이루어지는지는 아직 정확히 밝혀지지 않았지만, 갓난아이도 얼굴 표정을 보고 모방한다. 부모가 혀를 내밀면 똑같이 따라하며, 슬픈 표정을 지으면 입을 삐죽이거나 이마를 찌푸리면서 울려고 한다. 이와 같은 초기 모방으로 볼 때 아이는 이미 감정이입 능력을 가지고 태어난다고 할 수 있다. 하지만 표정을 모방하려면 먼저 이 행위를 '내가 그렇게 해도 괜찮을 것'이라는 느낌과 결부시켜야 한다.

- **타고난 공감 능력이 의사소통으로 발전한다**

아기는 자기가 지켜보는 사람과 친숙해질수록 더 쉽게 공감하는데, 그 첫 번째 대상은 대부분 엄마다. 신생아들은 경이로운 듯 자기 엄마를 몇 시간이고 지켜본다. 개방된 상태에서 감각적 인상이 만들어지고, 아기는 이 인상을 통해 자기 엄마에 대해 알 수 있는 모든 것에 주의를 기울인다. 예를 들면, 감정 상태에 따라 달라지는 엄마의 목소리 톤이나 감정을 표현하는 표정과 몸짓, 신체 접촉, 쓰다듬거나 안아 주는 행위 등에 신경을 집중하는 것이다. 엄마의 감정에 변화가 생길 때마다 목소리와 표정, 몸짓, 심장박동, 피부의 습도, 체취 같은 것도 같이 달라진다. 아기는 엄마의 감정 변화 가운데 어떤 것이 자신에게 안전한 느낌을 주고 또 어떤 것은 그렇지 않은지 금세 터득한다. 그래서 엄마 기분이 좋으면 아기도 편안해하고, 엄마가 불안하거나 산만하게 반응하면 아기도 불안해하거나 산만해진다. 이처럼 아기의 정서적 느낌은 엄마의 감정 상태와 밀접하게 연결되어 있으며, 나중에는 아빠나 기타 중요한 양육자가 느끼는 것을 공감하게 된다.

아기가 이처럼 중요한 경험을 하고 나면, 곧 자신의 표정이나 몸짓, 목소리로 상대방의 반응을 유발할 수 있다는 사실도 알게 된다. 그런 식으로 아기는 상대방이 알아듣게끔 자신의 감정을 표현할 수 있는 대화를 스스로 주도해가는 체험을 하는 셈이다. 아직 말을 할 수는 없지만, 말을 하지 않고서도 의사소통할 수 있는 이유는 공감하는 타고난 재능이 자신의 느낌을 상대방에게 전하는 능력으로 발전하기 때문이다.

생후 1년이 되면 아이는 바람이나 의도 같은 것을 충분히 이해할 수 있다. 그리고 생후 1년 반에서 2년 사이에는 고통을 줄이려고 누군가를 안고 쓰다듬거나, 도움을 받기 위해 다른 사람을 데려오기도 한다. 다른 누군가의 고통을 공감하고 그것이 자신의 고통처럼 느껴지면, 아이는 진지한 태도로 그 사람의 고통을 완화하려고 애쓴다. 또한, 자기가 기쁨을 느끼면 다른 사람에게도 기쁨을 선사하려고 노력한다. 그렇게 하면 기분이 좋아지기 때문이다. 자발적으로 긍정적인 경험을 많이 할수록 아이는 그 깨달음을 타인에게 적용하고자 더욱더 애쓴다.

삶에서 중요한 게 뭔지 아직 모르기에 아이는 개별적으로 인지한 것들 가운데 무엇이 특히 중요하고 또 중요하지 않은지 판단하지 못한다. 그래서 처음에는 자기 주변에서 일어나는 모든 일에 주의를 기울인다. 아이가 어떤 특정한 것에 열심히 몰두하는 중이어도, 주목할 만한 일이 주변에서 일어난다 해도 영향을 받지 않는다. 감각은 항상 받아들일 준비가 되어 있으므로 대부분의 아이는 어른이 전혀 알아차리지 못하는 것까지 감지할 수 있다. 잠자고 일어나는 순간이나, 옷을 입거나 이를 닦는 순간에도 아이의 관심은 늘 모든 것에 쏠려 있다. 모든 것이 새롭고 흥미진진하며, 삶은 감각을 위한 파티와도 같다. 그러므로 아이는 무엇에 먼저 주의를 기울여야 할지 결정할 수가 없다. 너무나 일상적인 행위까지도 탐험이 되기 때문에 어른들이 아무리 잡아끌면서 재촉해도 모든 것에 쏠리는 아이의 관심을 막을 수 없다.

하지만 관심이 어느 한 곳에 쏠리지 않은 상태여야만 아이에게 있어 특정한 인지가 아주 특별한 의미를 차지한다. 누군가가 아이의 관심을 그쪽으로 쏠리게 해서가 아니다. 그 순간 자기가 인지한 것 가운데 무엇이 특히 마음에 들고 흥미를 끄는지, 그리고 특별한 유대감이 느껴지는 게 무엇인지 아이 스스로 선택했기 때문이다. 통찰 상태에서 모든 아이는 외부의 강요 없이 자유롭게 혼자 힘으로 뭔가를 선택하는 것이 얼마나 긴장되고 흥미진진한지 체험한다. 아이가 우선 자기 자신의 인지라는 차원에서 이런 선택의 자유를 더 강도 높게 경험해서 뇌에 깊이 뿌리박힐수록, 나중에 자신의 태도나 행동방식에서도 더 쉽게 자유로운 선택을 하게 된다. 즉, 통찰력이 있는 사람은 자유가 무엇을 의미하는지 일찍 배우게 되는 셈이다.

● 통찰력은 무너지기 쉽고 아이는 자기감정에 속기 쉽다

그러나 나이가 들수록 이처럼 어느 한 쪽에 치우치지 않는 통찰 상태에 머물기가 점점 어려워진다. 누군가가 아이의 관심을 특정한 방향으로 쏠리게 하려고 애쓰는 일이 갈수록 많아지기 때문이다. 끊임없이 가르치고 설명하려 들면, 또는 무엇이 중요하고 중요하지 않은지 말해주거나 미리 정해주면, 아이는 자신의 감각으로 인지하고 싶은 마음이 없어진다. 그러면 이를 닦을 때 더는 공주나 왕자가 되는 놀이가 아니라 오로지 이가 깨끗해지는 것만 중요해진다. 그리고 옷을 입을 때도 중요한 것은 이야기를 들려주거나 엄마에게 새로운 그림을 보여 주는 게 아니라 얼마나 옷을 빨리 입느냐는 것이다. 그러다 아이가 유치원이나 학교에 다니게 되면 그러고 싶어도 모든 것에 신경 쓸 시간이 더는 없다. 그때까지 어느 한 쪽에 치우치지 않고 모든 것을 똑같은 강도로 인지하던 아이의 관심은 무언가에 초점을 맞추는 관심으로 바뀌게 된다.

특히 자신의 기본욕구가 충족되지 않는 것을 아이가 경험할수록 더 빨리 바뀌게 된다. 허기나 갈증이 채워지지 않을 때, 추위에 떨거나 아플 때, 자신의 삶을 스스로 만들어갈 수 없다거나 더는 탐험에 나설 수 없다는 느낌이 들 때 아이의 관심은 한쪽으로 쏠릴 수밖에 없다. 그리고 두려울 때 아이는 당연히 고통을 겪기 마련이다. 그럴 때 자신의 고통에서 벗어나는 데 도움이 되는 것에만 관심을 집중시킨다.

그래도 여전히 남아 있는 것은 상대방도 자신과 같이 화가 나거나 슬프면 어떨까 상상해 보는 능력이다. 그럴 때 아이는 상대방을 관찰하기 시작한다. 부모나 양육자에게서 인지하는 특정한 감정이 자신에게 이익이 될 수 있을지 알아내려는 것이다. 자기가 어떤 식으로 행동하면 무슨 일이 일어날지 따져본다. 개중에는 그런 식으로 어떤 행동방식을 통해 상대방에게 특정 감정을 갖게 하는 법을 금방 터득하는 아이도 있다. 예컨대 항상 급하게 서두르거나 자기 문제에만 몰두하는 부모에게 죄책감을 갖게 하는 것이다. 엄마 아빠가 안으려는 것을 거부하거나 심통 부리는 것으로 효과를 톡톡히 본 아이는 자기가 원하는 것을 얻어내는 수단을 발견한 셈이다. 즉, 자신이 마땅히 받아야 하는 식으로 존중받지 못하는 것이 얼마나 비참한 기분인지 잘 알고 있기 때문에, 이제 부모에게 그것이 어떤 기분인지 느끼게 해 주려는 것이다. 그러고는 원하는 과자나 장난감 혹은 텔레비전을 봐도 좋다는 허락을 얻어내기 위해 보상을 요구한다.

어릴 때 일찍부터 그런 행동을 배워서 효과를 보는 아이는 나중에 커서도 그런 식으로 다른 사람들을 조종하려 든다. 심지어 감정을 속이는 것까지 배우는 아이도 있다. 특히 아이에게 본보기가 되는 사람이 자신의 목표나 의도를 관철할 요량으로 그런 속임수를 자주 쓸수록 아이도 자기감정을 더 쉽게 속일 수 있다. 예를 들어, 아빠가 화내는 척만 하거나 아이에게 관심을 기울이는 척만 하면 아이도 똑같이 배운다.

더러는 이처럼 자기감정을 속이는 능력을 너무 잘 배운 나머지 훗날 진짜 감정과 완벽하게 속인 감정을 구별하기가 어려워지는 때도 있다. 그렇게 되면 감정 소통 능력은 자신의 이익을 추구하기 위한 수단으로, 공감 능력은 다른 사람들의 감정을 조종하기 위한 기술로 전락하고 만다.

3

아이가
자신의 재능을 키울 수 있도록
제대로 뒷받침하기

모든 아이는 특별하다 | 재능의 탄생 | 재능 펼치기

모 든 아 이 는
특 별 하 다

    어느 아이든 수많은 재능을 가지고 세상에 태어난다. 그 덕분에 사람들이 모여 사는 공동체에 적응하는 데 필요한 모든 것을 그 공동체의 구성원들한테서 배울 수 있다. 즉, 각 구성원들이 어렸을 때 습득해서 지금까지 사는 동안 보충하고 넓혀온 능력과 역량, 지식, 내면의 시각, 가치 그리고 관념 같은 것들이다.

    다만 문제는 교사를 비롯하여 상당수의 부모까지, 어떤 경우에 아이에게 특별한 재능이 있다고 봐야 할지 정확히 모른다는 것이다. 그들은 다른 아이들이 아무리 최상의 교육을 받아도 하지 못하

아이가 자신의 재능을 키울 수 있도록 제대로 뒷받침하기

는 것을 아이가 금방 배우거나 손쉽게 해낼 때, 뛰어난 재능이 있다고 여긴다. 그리고 그들에게 특히 중요한 것은 아이로 하여금 현재 높이 평가받고 있는 분야에서 특출한 성과를 거둘 수 있는 그런 재능이냐는 것이다. 예컨대 인기 스포츠 종목이나 노래, 연주, 미술, 수학, 공학, 자연과학과 같은 분야에서 두각을 나타낼 수 있는 재능이어야 한다. 높은 나무를 잘 타거나 수박씨를 가장 멀리 뱉을 수 있는, 또는 뒤로 달리기에서 세계챔피언이 될 만한 재능을 타고나는 아이들이 있다는 사실에 주목하는 부모나 교사는 별로 없다. 우리 시대에는 그런 재능이 있어봤자 돈을 벌지도 못하고 아무짝에도 쓸모가 없으니 의미가 없다고 무시한다.

그럼에도 이런 특별한 재능이 도대체 어떻게 생기는 것인지 문득 궁금해진다. 가령 당대 최고의 두뇌로 알아주던 사람들도 머리를 쥐어짜야 했던 수학 문제를 거뜬히 풀 정도로 비범한 아이의 능력은 어디서 나오는 것일까? 다섯 살밖에 안 된 아이가 어떻게 듣는 사람의 숨이 멎을 만큼 놀라운 솜씨로 바이올린을 연주할 수 있는 걸까?

재 능 의 탄 생

　　우리는 재능을 선천적으로 꼭 타고나야 한다고 생각한다. 천재는 틀림없이 날 때부터 뇌에 특별한 연결망을 가지고 있을 거라고 믿는 것이다. 우리가 그런 식으로 유전자 탓을 하는 이유는 그와 같은 능력을 조종하는 아이의 뇌 영역에 어떻게 특별한 연결망이 형성되는지 전혀 모르기 때문이다. 특별한 재능을 그대로 물려받는 가족이 많은 것을 보면 그런 재능은 유전된다는 말이 그럴듯하게 들리기도 한다. 그리고 재능이 유전된다면, 그 재능과 관련된 형질을 부모로부터 자녀에게로 전해 주는 특정 유전자나 유전자 구조가 있을 거라고 생각한다. 유전에 관한 것은 누구나 학교에서 멘델의 법칙을 다룰 때 좀 배워서, 사람의 특별한 재능이 형성될 때도 완두 콩이나 토끼에게 일어나는 것과 비슷한 과정을 거치게 된다고 생각할 수도 있다. 예컨대 홍채의 색깔처럼 다른 형질도 유전되니까 말이다. 언뜻 들으면 충분히 공감이 가는 생각이며 지금까지 거의 모두가 이런 설명에 만족했다. 그렇게 설명하고 넘어가는 게 간단하고 편했기 때문이다. 아이의 뇌는 완두콩이 아니라는 사실과, 뇌에서 일어나는 일이 토끼의 털 색깔처럼 간단한 과정을 거치지 않다는 사실에 신경 쓰는 사람은 지금까지 거의 없었다.

하지만 이제 우리는 유전자가 세포의 상호작용에는 관여하지 못하고 세포가 하는 일을 조종만 할 뿐이라는 사실을 알고 있다. 뇌의 신경세포가 특수 단백질을 생산하거나 특별한 성과를 거둘 수 있느냐는 별 의미가 없다. 중요한 것은 뇌 신경세포들이 어떻게 상호작용하고 서로 연결되어 있느냐는 것이다. 더 정확히 말해, 뇌가 발달하는 동안 신경세포들이 어떻게 서로 연결되는지, 또 처음에 과도하게 준비되는 시냅스 가운데 어떤 것이 고정되고 어떤 것이 퇴화하는지, 이런 것들을 유전자가 통제할 수는 없다.

'이용 의존적 또는 경험 의존적인 신경성형'이란 발달신경 생물학자들이 지난 수년간 힘겹게 연구를 거듭한 결과, 뇌 발달 과정에서의 신경 네트워크 형성에 대해 발견해낸 현상을 말한다. 이는 다름 아니라 어떻게 이용하느냐에 따라 뇌가 달라진다는 것이다. 뇌 발달의 초기 단계에 최초의 신호 패턴이 태아의 몸에서 나오는데, 이 패턴의 도움으로 가장 오래된 뇌 영역에서 최초의 연결 패턴이 구조를 갖춘다. 이 신호 패턴은 갖가지 신체기관과 신체표면 그리고 다양한 근육에서 나오는 자극 패턴이다. 이를테면 태아의 팔이 움찔할 때마다 뇌에 특유의 자극 패턴이 생성된다. 그리고 팔이 다시 움찔해서 이 패턴이 생성되는 빈도가 높아질수록 패턴은 더 견고해진다. 그뿐만 아니라 뇌의 이 연결망들이 서로 협조해서 팔 동작을 조종하면 할수록 동작은 더 정확해진다. 임신 말기가 되면 태아가 자기 팔 동작을 조종하는 연결망의 도움을 받아 엄지손가락을 정확하게 입에 집어넣는 모습을 관찰할 수 있다. 팔이 없으면 뇌에서도 팔 동작을 조종하기 위한 신경세포 연결망이 형성되지 못한다.

아이가 태어나기 전부터 손과 팔이 유난히 큰 편이면, 아이의 뇌 안에는 그처럼 큰 손과 팔을 조종하기에 최적인 네트워크가 형

아이가 자신의 재능을 키울 수 있도록 제대로 뒷받침하기

성된다. 반대로 손과 팔이 작고 가는 편이면 작은 손과 팔을 조종하는 데 가장 적합한 네트워크가 형성된다. 출생 후에 관찰하면 손이 큰 아이와 작은 아이의 쥐거나 잡는 동작에서 조금 차이가 나는 것을 알 수 있다. 예를 들어, 어떤 아이는 가위로 종이를 오리는 솜씨가 다른 아이보다 정교하다. 또한, 이 두 유형의 아이들은 나중에 복잡하고 추상적인 연관관계를 얼마나 빨리 이해하는가 하는 측면에서도 차이를 보일 수 있다. 그래서 아이의 엄마와 면담을 해보면, 자기 아빠를 닮아 머리가 나쁘다는 말을 종종 한다. 그러나 아이가 자기 아빠한테서 유전적으로 물려받은 것은 나쁜 머리의 유전자가 아니라, 큰 손과 팔을 갖게 하는 유전자일 뿐이다.

이처럼 어느 아이든 자신의 뇌 안에 연결망을 가지고 태어난다. 이 연결망은 자기 몸에서 뇌로 전달되는 신호 패턴과 그에 가장 적합한 반응 패턴의 도움으로 안정화되어 있기 때문에 그 아이의 몸과 정확하게 맞아떨어진다. 또한, 어느 아이든 자신의 유전 소질에 따라 단 하나뿐인 몸을 가지고 태어나기 때문에 뇌 역시 아주 특별하고 유일무이하다. 단, 일란성 쌍둥이는 신체적 특징이 아주 비슷해서 뇌의 구조도 대단히 흡사하다.

● 아이는 엄마 뱃속에서 풍부한 경험을 한다

모든 아이가 엄마 뱃속에서 이미 다양한 경험을 하며, 이 경험은 생각보다 훨씬 더 풍부하다. 출생 시점에 거의 완성된 단계인 것은 생명유지에 중요한 모든 신체 기능을 조종하기 위한 뇌 신경세포 연결만이 아니다. 이른바 변연계의 감정중추 역시 충분히 발달해 있다. 그래서 두려움이나 편안함 같은 감정을 아기가 이미 알고 있는 것이다. 아기는 태어나기 전부터 이미 팔다리를 바동거리는 것과 몸을 돌리는 것, 엄지손가락을 빠는 것을 터득하고 있다. 이런 동작들을 조정하는 데 필요한 신경세포 연결은 이용 여부에 따라 성형되며 안정화되어 있다.

그래서 아기는 자신의 몸을 아주 잘 알고 있다. 더불어 바깥 세상에 관한 일련의 경험을 이미 자신의 뇌에 고정해 놓았다. 아기는 엄마(그리고 아빠)의 목소리와 엄마가 즐겨 듣거나 부르는 노래를 이미 알고 있을 뿐 아니라, 향 물질이 양수에도 들어있기 때문에 엄마의 체취가 어떤지도 알고 있다. 또 자신에게 가장 친숙한 심장박동의 리듬과 흔들어 주는 것을 좋아한다. 그러나 고차원적인 기능을 수행하며 아주 서서히 발달하는 전뇌의 앞쪽 영역은 아

직 연결되지 않은 상태다. 그래서 아기는 자기가 무엇을 알고 있는
지 아직 모른다.

갓 부화한 병아리와 새끼오리 그리고 새끼거위를 가지고 실험
해 보면 이와 같은 학습 과정이 어떻게 진행되는지 쉽게 알 수 있
다. 스피커 세 대를 설치해놓고 어미 닭, 오리, 거위가 내는 소리를
각각 틀어놓은 방에 갓 부화한 새끼들을 집어넣으면, 새끼들은 각
자 자기가 소속된 스피커 쪽으로 간다. 부화기에서 알을 깨고 나와
닭이나 오리, 거위가 각각 어떤 소리를 내는지 한 번도 들어보지 못
한 새끼들도 마찬가지다. 언뜻 유전이겠거니 생각이 들겠지만, 그
렇게 간단하지가 않다. 새끼들은 알을 깨고 나오기 전부터 이미 울
음소리를 내기 때문이다. 가령 부리가 벌어지지 않게 붙이거나 해
서 울음소리를 내지 못하게 막으면, 새끼들은 나중에 어느 소리를
향해 달려가야 할지 모르게 된다. 새끼의 뇌는 자기가 내는 소리를
듣고 種특유의 울음소리를 학습한다. 그리고 알을 깨고 나오면
새끼들은 자기가 알 속에서 냈던 울음소리와 비슷하게 들리는 소리
가 나는 쪽으로 달려간다. 어미가 내는 소리는 새끼의 울음소리와
아주 유사한 특정 주파수를 가지고 있다. 그러므로 이것은 유전이

아니라 태어나기 전에 이미 습득한 것이다.

어느 아이든 태어날 때부터 뇌 안에 연결망이 형성되어 있다. 이 연결망은 아이의 몸에 꼭 맞을 뿐 아니라, 감각인상과 더불어 자기 엄마와 그 신체적 반응의 영향을 받아 형성된다. 그러므로 아이는 누구나 유일무이한 존재이고, 그 뇌 또한 세상에 단 하나밖에 없는 형상체이다. 나중에 특정 능력을 습득하는 데 유리한 조건을 미리 갖추고 태어나는 아이도 있지만, 이 아이가 다른 영역에는 별로 재능이 없을 수도 있다. 물론 이것이 우리가 천부적 재능이라고 일컫는 것에 대한 완전한 설명이 되지는 못한다.

태아는 엄마 뱃속에서 이미 감정과 연관된 경험을 한다. 예컨대 엄마가 아빠를 두려워하면, 태아도 그것을 감지한다. 아빠와 다투는 동안 엄마의 복벽이 수축하고 스트레스 호르몬이 분비되는가 하면 심장박동이 빨라진다. 세차게 고동치는 엄마의 심장 소리와 아빠의 고함을 듣고 뱃속 아기는 경직되며, 이 경험은 뇌에 그대로 저장된다. 더불어 태아의 몸이 눌리고 아빠의 고함을 인지하는 과정에서 활성화되는 네트워크가 연결된다. 그런 경험을 하고 태어난 아기는 아빠의 목소리가 커지면 자동으로 경직 상태에 빠진다.

아이가 자신의 재능을 키울 수 있도록 제대로 뒷받침하기

그러면 모차르트는 어땠을까? 모차르트의 어머니는 남편의 연주를 들으면서 언제나 편안함을 느끼고 스트레스가 풀렸을 것이다. 그럴 때마다 어머니의 뱃속에서 모차르트는 몸을 움직일 수 있는 공간을 더 많이 가지게 되었으리라. 호흡과 심장박동이 편안해지면서 그의 어머니는 애정 어린 손길로 자신의 배를 쓰다듬어 주었을지도 모른다. 뱃속에 있는 모차르트에게 있어 음악 체험은 기분 좋은 감정과 결부되었다. 그러므로 모차르트가 세상 밖으로 나와서도 음악을 들을 때마다 그런 감정을 다시 체험하고 황홀해했던 것은 당연한 일이다. 임신기 동안 조깅을 즐기면서 긴장을 풀거나 행복한 기분을 느끼는 여성도 그와 마찬가지일 것이다. 그렇게 하면 나중에 그 여성의 아기도 안고 흔들어 주거나 몸을 움직이는 것에서 쾌감을 느낄 수 있다.

물론 신체나 두뇌의 정상적인 발달을 방해하는 불리한 영향 아래에서 성장할 수밖에 없는 아이도 있다. 그런 아이는 나중에 다른 아이들이 아무 문제 없이 해내는 일을 아주 느리고 제한된 범위에서만 간신히 수행하므로 남의 눈에 띄게 된다. 즉, 선천적인 핸디캡을 가지고 태어나는 사례이다. 경솔하게도 우리는 그런 아이에게 '장애아'라는 꼬리표를 단다. 신경안정제인 콘테르간contergan의 부작용으로 손상을 입어 팔이 없는 상태로 태어나는 사람을 예로 들어보자. 선천적으로 팔이 없는 아이가 다리와 발을 사용하여 기적과도 같은 일을 해내는 모습을 본 적이 있는가? 그 또한 아주 특별한 재능인 셈이다. 또 귀가 안 들리거나 앞을 못 보는 아이가 어떤 일을 해낼 수 있는지 지켜본 적이 있는가? 그런 아이가 자신의 핸디캡에도 불구하고 세상에 적응하기 위해 개발한 능력을 보면서 비상하다는 말 외에 어떻게 달리 표현해야 할까? 바로 그런 아이가 자라서 훗날 우리가 천재 발명가나 예술가 또는 과학자라고 칭송하는 아주 특별한 사람이 되는 경우는 또 얼마나 많은가!

전문가들이 아무리 머리를 쥐어짜도 헛수고였던 문제를 척척 풀기는 했지만, 평범한 일상에 적응하는 데 곤란을 겪었던 비상한 천재들은 얼마든지 있다. 그들은 하나같이 핸디캡을 안고 있었으나, 비상하게 뛰어난 분석적 사고로 어느 정도 핸디캡을 상쇄할 수 있었다. 그리고 정서적 감수성이 부족해서 어릴 때부터 다른 사람들의 감정을 공감하기가 어려웠다. 알베르트 아인슈타인도 그런 사람이었다고 한다. 심리학에서 서번트savant라고 부르는 자폐 성향이 있는 사람들에게서 이 현상이 특징적으로 관찰된다. 다시 말해

아이가 자신의 재능을 키울 수 있도록 제대로 뒷받침하기

그들은 거의 모든 것을 기억할 수 있지만, 사회생활에 좀처럼 적응하지 못한다. 굳이 말하자면 이 또한 특별한 재능인 셈이다.

- **발달 과정에서 아이에게 특히 무엇이 중요했는가?**

아이의 뇌가 발달할 수 있는 여건이 얼마나 다르던 간에 특별한 소질은 언제나 같은 원칙에 따라 형성된다. 즉, 태아기나 영아기에 어떤 능력과 그 능력의 기초가 되는 신경연결망 형성이 특히 중요한 일이어야 한다는 것이다. 그러므로 특별한 재능의 생성을 이해하기 위해서는 결정적인 문제를 제기해봐야 한다. 즉, 지금까지의 발달 과정에서 아이에게 특히 중요한 것이 무엇이었느냐는 것이다. 무엇이 아이에게 도움이 되어 특별한 재능의 기초가 된 그 신경연결망이 아이의 뇌에 형성될 수 있었을까?

아직 엄마 뱃속에 있을 때, 자기 몸과 엄마에게서 나오는 신호와 더불어 어떤 자극이나 감정을 불러일으키는 것이라면 아이한테는 다 중요하다. 어떤 문제나 장해 또는 위협이 그 감정을 불러일으

켰는지도 중요하긴 하지만, 그보다 훨씬 더 중요한 것은 그 난관에서 벗어나기 위해 찾아낸 해결책이다.

문제를 해결하는 데 성공할 때마다 뇌 안의 질서를 어느 정도 되찾게 된다. 신경생물학에서는 이를 가리켜 '정합성coherence이 복구된다'고 한다. 즉, 조금 전까지 뒤죽박죽이었던 모든 것이 다시 조화를 이루고 서로 일치된다는 것이다. 우리가 자체적인 조절을 통해 내적 균형을 깨뜨리는 방해 요인을 제거하여 어떤 문제에 대한 해결책을 찾을 때, 우리의 뇌 안에 있는 감정중추가 활성화된다. 감정중추란 돌기가 다른 뇌 영역까지 길게 뻗어있는 신경세포를 가진 중뇌의 신경 네트워크다. 이 감정중추가 자극을 받으면, 뇌의 고등 영역에서 문제를 해결하는 신경성형 전령물질이 분비된다. 그러면 그 뇌 영역에 연결된 신경세포들이 돌기 및 시냅스의 성장과 안정화에 필요한 단백질을 더 많이 생산하기 시작한다. 말하자면, 해결책을 찾은 것에 기뻐하면서 문제를 해결하는 데 성공적으로 이용된 뇌 안의 연결패턴이 더 강화하고 개선된다고 할 수 있다.

그러므로 어른뿐 아니라 어린아이도 자신의 특별한 재능을 펼치는 것에서 기쁨을 느낄수록 그 재능을 더 잘 키워나간다. 그 기쁨

아이가 자신의 재능을 키울 수 있도록 제대로 뒷받침하기

은 가르친다고 생기는 것도 아니고 억지로 만들어낼 수 있는 것도 아니다. 어느 아이나 오로지 스스로 그 기쁨을 느낄 수 있다. 또한, 아이 자신에게 뭔가가 정말 중요하고 의미가 있어야만 그런 체험을 하게 된다.

재 능
펼 치 기

• **아이가 가능성을 잃지 않으려면**

이처럼 어느 아이나 자기 몸과 몸 안에서 진행되는 모든 과정
을 최적으로 조종하도록 도와주고, 앞으로의 삶에서 중요한 모든
것을 배울 수 있게 하는 뇌를 가지고 태어난다. 따라서 모든 아이가
아주 특별한, 지속적인 성장과 발전에 가장 적합한 뇌를 가지고 있
는 셈이다. 그와 더불어 모든 아이가 각자 자기 나름의 방식으로 뛰
어난 재능을 타고난다. 어느 아이나 수없이 많은 가능성을 가지고

아이가 자신의 재능을 키울 수 있도록 제대로 뒷받침하기

삶의 여정을 시작한다. 교육의 과제는 과도하게 제공되는 뇌 안의 네트워크 옵션을 최대한 많이 안정화할 기회를 잡을 수 있는 세계를 모든 아이에게 제공하는 것뿐일 수도 있다. 그 세계에서는 어느 아이든 탐색하고 발견하고 배우면서 기쁨을 느낄 수 있어야 한다. 그런 아이는 자신의 타고난 탐구욕과 조형 욕구, 개방적 성향, 친화력 등을 계속 잃지 않을 것이다. 그뿐만 아니라 다양한 감각적 인지에 관한 관심을 비롯하여 삶에 대한 의욕과 사랑할 수 있는 능력도 쉽게 없어지지 않을 것이다.

아이가 그런 것들을 잃지 않으려면, 자신이 있는 그대로 받아들여지고 사랑받는다는 확실한 느낌이 필요하다. 그리고 남에게 자기 나름의 재능이 있음을 인정받는다는 느낌이 들어야 한다. 신경생물학적 관점에서 볼 때, 양육의 목표는 아이가 다양한 능력을 기를 수 있게 뒷받침해 주는 것뿐이다. 그러기 위해서는 아이에게 동기를 부여하고 용기와 영감을 주기만 하면 된다. 또한, 다양한 능력을 기르기 위해 아이에게 필요한 것은 애정 어린 지도라고 할 수 있다. 여기에서 말하는 지도란, 아이가 스스로 결정한 미래를 향해 가다가 길을 잃고 헤맬 우려가 있을 때마다 분명하게 선을 그어주는 것이다.

그밖에 교육이 해야 할 일은 아무것도 없다. 예나 지금이나 아이를 상벌로 가르쳐서 자신이 원하는 대로 행동하게 해야 한다고 생각하는 사람은 양육하는 것이 아니라 훈련을 시키는 것에 불과하다. 아이는 그런 식의 시도를 애착에 대한 자신의 깊은 욕구가 침해당하는 것으로 받아들인다. 그래서 아이는 자신의 있는 그대로가 옳지 않으며, 자신의 양육자가 바라는 대로 해야만 다시 받아들여질 수 있다는 고통스러운 경험을 하게 된다. 엄격한 교육이나 상벌은 어떤 성과가 스스로 해낸 일이 아니라 타인의 강요에 의한 것으로 평가되는 결과를 가져온다. 그럴 때 아이는 자신을 스스로 알아서 결정하는 존재가 아니고 부모의 양육 대상에 불과한 존재로 여기게 된다. 수확량을 극대화하기 위해 나무를 가지치기하듯이, 아이도 부모가 바라는 어떤 모양으로 두드려 맞추는 것이라고 볼 수 있다.

이처럼 강요로 거두어진 성과를 자신과 동일시하는 아이는 없다. 그러므로 아이는 학교에서 아무리 좋은 성적을 받는다 해도 그 성과에 거부감을 가질 수밖에 없다. 따라서 벌로 아이를 교육하는

아이가 자신의 재능을 키울 수 있도록 제대로 뒷받침하기

사람은 재능을 펼치지 못하게 방해를 하는 것과 같다. 또 상을 주는 것도 학습이나 스스로 성취하는 것에 대한 의욕을 고취하지는 못 한다. 한번 보상을 받아본 아이는 사실상 자신의 바람과 거리가 먼 성과를 더 많이 올리려고 애를 쓴다. 이는 단지 보상을 받기 위해 노력하는 것뿐이다. 그렇게 해서 아이는 일찍부터 거래에 능해진다. 공부하는 대가로 무엇을 받을 수 있는지 따지고 그 대가를 얻기 위해 공부하는 것이다. 그리고 시간이 갈수록 아이의 요구가 점점 더 커진다. 그러다 보면 최악에는 반드시 보상이 있어야만 행동하는, 보상에 의존하는 아이가 될 수도 있다. 설탕 한 조각을 받지 않으면 제자리에서 맴돌기만 하는 말처럼 말이다.

- **삶의 중요한 모든 것을 아이 스스로 배워야 한다**

100년 전까지만 해도 엄격한 교육이나 훈련은 상당히 일반적인 자녀 양육방법이었다. 그 당시에는 자라나는 세대로 하여금 스스로 결정하는 자주적인 삶을 영위하게끔 해주는 것이 별로 중요하지 않았다. 그 시대에 무엇보다 중요했던 것은 각 개인이 가정과 학교, 직장 그리고 마을에서 아무 마찰 없이 제 기능을 다하는 것이었다. 될 수 있으면 아무 질문도 하지 않고 호기심을 갖지도 않은 채 그저 해야 할 일만 할 뿐이었다. 곤경이나 불안, 가난, 위기 등을 공동체가 함께했으며, 그래야만 모두가 살아남을 수 있었다. 자의식이 강하고 자기주장과 나름의 생각이 있는 자립적인 사람들을 그럭저럭 살 만한 상태를 확보하고 공동체를 안정적으로 유지하는 데 부적합한 방해자로 간주하던 시절이었다.

그런데 아직도 우리는 이런 방법으로 아이를 키우려 하고 있다. 마치 학습 프로그램을 통해 먼저 꼼짝 않고 앉아 지켜보는 것을 익히게 한 다음, 달려들어서 꽉 움켜쥐고 삼키는 것을 훈련시켜서 새끼 고양이가 쥐를 잡을 수 있게 만드는 식이다. 하지만 새끼 고양이는 이 모든 것을 혼자 힘으로 배운다. 방해를 받거나 이런 능력을 습득하고 연습할만한 기회를 빼앗기지만 않는다면 말이다. 무엇보다도 새끼에게는 이미 능숙하게 쥐를 잡을 줄 아는 다른 고양이를 지켜볼 기회가 주어져야 한다. 뇌를 가지고 있는 포유동물은 다 마찬가지여서, 뇌의 최종적이고 종 특유의 행위를 거뜬히 해내는 데 필요한 내부 구조가 어린 시절에 필요에 의해 갖추어진다.

특히 사람은 어렸을 때 장차 자신의 삶에서 중요해지는 거의

아이가 자신의 재능을 키울 수 있도록 제대로 뒷받침하기

모든 것을 스스로 경험으로 배워야 한다. 아이는 어떤 문제가 생겼을 때 다른 사람들이 그 문제를 어떻게 해결하는지 관찰하면서 새로운 경험을 한다. 그런 식으로 다른 사람들에 대한 믿음과 애착이 확고해지며, 새롭고 훨씬 더 어려운 도전과제에 맞설 용기가 굳건해지는 것이다. 이는 문제가 너무 하찮아서 지루하고 재미없어도 안 되고, 또 너무 커서 부담스럽고 감당하기 어려워서도 안 되는 일이다. 문제가 너무 하찮으면 아무 재미도 없는 경험으로만 남을 뿐이다. 그러면 아이는 호기심과 열광하는 능력을 잃어버리거나 다른 것에 주의를 돌리게 된다. 심지어는 다른 사람들을 방해하고 말썽을 부릴지도 모른다. 반대로 요구사항이나 문제가 아이의 능력에 버거운 것일 때, 아이는 두려움을 느낀다. 이 두려움은 뇌 안에서 새로운 것을 습득하지 못하게 방해하고 이미 습득한 것을 불확실하게 만드는가 하면, 다시 아기 때로 돌아가 단순하기 짝이 없는 행동을 하게끔 하는 반응의 사슬로 이어진다.

너무 하찮은 도전이나 지나친 부담감이 아이에게 무엇을 의미하는지는 아이 자신을 제외하고 누구도 판단할 수 없지만, 때로는 감정이입 능력이 있으며 아이와 아주 친밀한 사이인 양육자가 판단할 수도 있다. 그밖에는 누구도 아이의 머릿속에서 일어나는 일에 대해 평가하고 주도하려 해서는 안 된다. 그렇지 않으면 아이는 자신에 대한 기대나 요구가 너무 하찮은 것이나 부담스러운 것으로 생각하기 쉽다. 이것이 바로 잔디 깎는 기계처럼 아이의 개별 특성이나 지금까지의 경험을 잘라내 버리는 '조기교육'의 문제점이다.

● 재능을 펼치려면 놀기에 충분한 공간과 시간이 필요하다

어떤 과제나 문제가 자신에게 너무 단순하다거나 너무 복잡해 보이는지 정확하게 판단할 수 있는 유일한 사람은 바로 아이 자신이다. 이는 흥미로운 제안들이 있고, 그 제안들 가운데 어떤 것을 취하고 싶은지 아이 스스로 결정하게 해야만 아이가 자신의 재능을 펼칠 수 있다는 사실에서 얻어진 결론이다. 가장 좋은 방법은 새끼 고양이처럼 자유롭게 놀면서 판단력을 키우게 하는 것이다. 그래서 아이에게는 놀기에 충분한 공간과 시간이 필요하다.

아이가 놀이를 통해 장래에 특히 중요한 의미를 차지하게 될 경험을 하기 바란다면, 놀이할 때 그런 능력이나 지식을 발견하고 시험해보는 쪽으로 아이의 관심을 돌리도록 노력해야 한다. 부모 자신이 열광하는 것에 아이도 같이 열광할 수 있다면 금상첨화다. 요트 조종에 열광하는 사람이라면, 자연스럽게 자녀도 요트에 관심을 두게 할 수 있다. 단, 그렇게 하라고 억지로 강요해서는 안 된다.

어른이 본보기가 되어 아이의 처지에서 보호해 주고 유능하게 지도해야만 아이는 자신의 능력을 인지하고 계속 발전시킬 수 있다. 그래야만 전뇌에 자기효능감에 대한 내면의 상이 자리 잡아 그 이후의 모든 학습 과정에서 스스로 동기부여를 하는 데 이용될 수 있다. 또한, 요구나 제안, 기대 등으로 혼란스럽기 그지없는 상황에서도 아이가 잘 적응해 나갈 수 있다.

한편, 이른바 쾌락사회에서처럼 지식이나 교양을 쌓는 것이 아무 가치도 없는 세계에서 아이가 성장하면 뇌 안에 복잡한 연결망이 형성될 수 없다. 예를 들어, 일상에서 유일하게 중요한 것이라고는 소비이거나, 아이가 하는 놀이라고는 텔레비전 또는 컴퓨터 앞에 앉아 있는 것뿐이라면 말이다. 또 아이가 넘쳐나는 자극에 노출되거나, 부모가 아이를 버릇없게 키워 어려움을 이겨내고 스스로 경험하는 것을 막는 것 또한 마찬가지다.

• 집중력과 상상력, 창의력을 기르는 마법의 약

당신의 아이가 가만히 앉아 무언가에 주의를 집중하도록 하거나, 아이의 상상력에 날개를 달고 어휘력을 넓혀 주는 마법의 약이 있다고 상상해 보자. 더구나 그 약은 다른 사람의 입장이 되어 그 사람의 감정을 공유하는 능력을 선사하고 자신에 대한 믿음을 강화시키는가 하면, 용기와 확신으로 미래를 바라볼 수 있게 해 준다. 이처럼 아이들의 뇌에 더없이 좋은 마법의 약은 실제로 존재한다. 이 약은 약국에서 살 수 있는 것도 아니고, 조기교육 기관에서 제공해줄 수 있는 것도 아니다. 그뿐만 아니라 돈을 주고 사는 것도 아니다. 그럼에도 자녀에게 이 약을 선사하는 사람은 반대로 돌려받는 것이 있다. 아이의 애정과 신뢰 그리고 반짝이는 두 눈을 받게 된다. 아이가 타고난 재능을 최대한 펼칠 수 있게 도와주는 이 일은 효율적인 사고를 중시하는 문화에서는 쓸모없어 보이기도 하지만, 실제로 관심을 두기란 쉽지 않다. 돈으로 살 수 없는 이 마법의 약은 바로 아이와 함께 노래 부르고 동화를 읽거나 노는 것, 함께 춤을 추거나 곡을 연주하고 그림을 그리거나 조립하는 것이다. 다행히 이 현상에 대한 설명은 아주 간단하다. 즉, 함께 무엇을 하면서 아이는 수업을 받거나 우리가 아이를 위한답시고 억지로 가르치려고 들 때 겪어보지 못하는 것을 체험하게 되는 것이다. 즉, 뭔가를 함께할 때 느낄 수 있는 행복감을 맛보게 된다. 이처럼 충만한 감정을 느끼는 것은 함께 무엇을 하는 가운데 아이의 가장 중요한 욕구, 즉 애착을 형성하고 동시에 그 애착 관계 안에서 성장하여 자립하고자 하는 욕구가 충족되기 때문이다.

가령 아이에게 이야기를 들려주는 동화 시간은 최고의 수업이될 수 있다. 뇌의 감정중추가 활성화되어 신경세포 간의 새로운 연결을 촉진하는 전령물질이 분비될 때 학습 효과가 가장 좋기 때문이다. 이때 감정을 제대로 살리려면 분위기가 중요하다. 촛불을 켜서 분위기를 띄우거나 동화 시간을 매일 해야 하는 일과로 만드는 방법도 있다. 그렇게 하면 아이가 긴장을 풀고 집중하는 데 도움이된다.

이야기의 내용을 선택할 때도 세심한 주의가 필요하다. 이야기가 흥미진진해야 하지만, 아이에게 과도한 두려움을 주는 것이어서는 안 된다. 주인공이 위험에 처해서 약간은 두려워하지만 결국 악을 무찌르는 이야기는 최고의 동기부여와 자극이 된다. 또한, 이야기를 어떤 식으로 들려주거나 읽어 주느냐도 중요하다. 이야기를 들려주는 사람도 같이 심취해서 흥분하는 모습을 아이에게 보여 주어야 한다. 그리고 계속 책만 들여다보지 말고 아이의 눈을 바라 보면서 이야기를 읽어 주는 것이 좋다. 이렇게 밀접한 교류와 더불어 아빠 또는 엄마가 같이 흥분해서 들떠있는 경험은 뇌 생물학적 관점에서 볼 때 동화를 우리가 아이에게 줄 수 있는 최고의 선물이 되게 한다.

동화책을 읽어 주는 것도 좋지만, 가장 좋은 건 부모가 직접 이야기를 꾸며서 들려주는 것이다. 반면에 CD나 TV에서 나오는 동화를 들려주는 것은 별로 효과가 없다. 감정적인 교류가 불가능한 데다, 기계는 분위기를 파악할 수 없기 때문이다. 마법의 약은 동화 그 자체가 아니라, 감정을 통한 집중적인 교류와 친밀감이나 안전을 체험하는 것이다.

그뿐만이 아니다. 이러한 행동은 이야기를 들려주거나 읽어 주는 사람의 뇌에서도 옛 기억이 되살아나게 된다. 이야기의 자세한 내용만이 아니고, 자신이 그 이야기를 들을 당시엔 어땠나 하는 기억이 떠오르는 것이다. 그러면 그 당시에 느꼈던 감정도 다시 살아

아이가 자신의 재능을 키울 수 있도록 제대로 뒷받침하기

난다. 그 이야기를 들을 때의 전율과 긴장감, 자신을 달래 주던 목소리도 생각나고, 거실이나 소파 등 추억의 장소도 다시 떠오른다. 이 모든 것은 뇌에 저장된 유아기의 경험 창고에서 나온다. 이처럼 동화는 정서상 긍정적으로 평가되는 기억을 불러일으키기 때문에 신기하게 어른도 다시 강하게 만든다. 그래서 동화를 읽고 나면 더 강해지고 확신에 차며, 더 용감해지고 자유로워진 느낌이 들곤 한다. 결국 동화는 어른의 영혼을 달래 주는 효과까지 있다.

자기 자신이나 다른 사람과 좋은 관계를 맺을 수 있는 능력을 향상하는 것이라면 무엇이든 우리가 아이에게 해줄 수 있는 가장 중요한 발달 지원이 된다. 노래 부르기도 그 가운데 하나다. 노래를 부르면 감정중추가 활성화되면서, 즐겁고 행복하며 자유로운 감정 상태와 연결된다. 또한, 노래는 마음을 자유롭게 하기도 한다. 그뿐만 아니라 같이 즐겁게 노래를 부르는 것은 '사회적 공명 현상'을 초래한다. 사회적 공명을 경험하는 것은 훗날 다른 사람들과 같이 난제를 해결하기 위한 방법을 모색할 때 가장 중요한 자원이 된다. 같이 노래를 부르면 타인과 조화를 이루는 능력이 길러지고, 배려심이나 감정이입 능력, 자제심, 책임감과 같은 사회적 기술을 습득하는 기초가 마련되기 때문이다. 노래는 자기 언급self-reference과 자기 통제, 자기 조종 그리고 자기 교정에 더없이 좋은 훈련법이다. 함께 노래를 부르는 것은 서로 다른 문화권의 아이들이나 장애아들을 통합하는 데에 많은 도움이 될뿐만 아니라 공동체 의식을 심어주기도 한다.

누군가와 긴밀하게 결속된 가운데 성장하는 경험은 어느 아이든 이미 태어나기 전부터, 그리고 출생 후에도 얼마간 하기 마련이다. 이러한 기초적인 경험은 아이의 뇌에 깊이 뿌리박혀서 태어나기도 전에 이미 기대 행동으로 압축된다. 그 때문에 모든 아이가 결속된 느낌과 자유로운 느낌을 동시에 갖게 하는 경험을 좋아하는 것이다.

• 간단하게 하라

아이가 자신에게 필요한 친밀감과 결속 관계를 찾지 못하거나 자신의 자립 충동과 조형 욕구, 탐구욕 등을 따를 수 없는 경험을 해야 할 때, 아이의 뇌에서는 자신의 기대와 정반대되는 일이 생겼을 때와 똑같은 반응이 일어난다. 다시 말해, 불안, 혼란, 두려움과 같은 반응이 일어나는 것이다. 이와 같은 혼란은 아이의 학습 의욕을 저하한다. 이럴 때 아이가 자신을 있는 그대로 받아들여 주는 누군가를 만난다면 상황은 훨씬 낫다. 단, 그 누군가는 아이에게 무언가를 기대하거나 아이를 무엇으로 만들려고 애쓰지 않을뿐더러, 다른 아이들과 함께 뭔가 발견하고 만들어 보도록 용기와 영감을 불어넣는 사람이다. 이러한 관심의 공유는 아이가 엄마와 함께 그림책을 보거나, 다른 아이들과 어울려 블록 쌓기를 하면서 체험하는 것이다. 물론 다른 아이들과 같이 노래나 춤, 연주, 그림, 조립 등을 같이할 때도 마찬가지다. 그럴 때 아이는 같이 뭔가를 하면서 함께 하는 이들과 긴밀하게 결속된 느낌을 가진다. 그와 동시에 자유롭고 자립적이기도 한 아이는 그 과정에서 자신의 능력과 관심을 보여줄 수 있다. 그렇게 해서 아이의 기본욕구가 충족되며, 아이는 자신의 바람을 잠시 뒤로 한 채 타인을 존중하고 독려하면서 공동의 목표를 이룰 마음의 자세를 갖춘다.

신경학적 관점에서 볼 때 이 모든 것은 사람이 할 수 있는 일 가운데 아무리 쓸데없는 것이라도 아이의 뇌 발달에 더없이 유리한 영향을 미칠 수 있음을 말해 준다. 알베르트 아인슈타인도 이처럼 말하지 않았던가?

"최대한 복잡하게가 아니라 간단하게 하라!"

아이가 자신의 재능을 키울 수 있도록 제대로 뒷받침하기

아이의 재능이
시들어버리는 것을
막으려면

지금 우리에게 새로운 교육법이 필요한 이유 | 사랑이 배신을 당하면 – 부모를 마음에서 밀어낸다 | 발견의 기쁨을 상실하면 – 세상에 무관심하고 의욕 없는 사람이 된다 | 조형 욕구에 제동이 걸리면 – 자신의 중요성과 효용가치를 느끼지 못한다 | 신뢰가 악용되면 – 난관에 무능한 사람이 된다 | 고집이 꺾이면 – 자의식이 약한 수동적 인간으로 자란다 | 공감 충동이 억눌리면 – 억압자와 자신을 동일시한다

지금 우리에게
새 로 운
교 육 법 이
필 요 한 이 유

때와 장소를 불문하고 사람은 어떤 가정이나 마을 또는 도시, 국가, 나아가 어떤 문화권에서 성장하여 어른이 될 때 특별한 경험을 하게 된다. 또한, 아이들은 삶에서 중요한 게 무엇인지에 대해 비슷한 생각을 하고 비슷한 목표를 추구하며 같은 고민을 공유한다. 그런 식으로 사람은 누구나 문화공동체 일부가 되어간다.

이처럼 경험에 의존하여 형성되는 신경연결 패턴이 각자의 사고와 느낌 그리고 행동을 좌우하기 때문에, 누구나 자신이 사는 문화의 지지자이자 수호자가 될 수밖에 없다. 특히 엄마나 아빠가 자녀에게 자신이 배운 것을 전수하기를 원한다면 더더욱 그렇다. 부모가 배운 것이나 중요하게 여기는 것은 집집마다 차이가 있기 마련이다. 그래서 기독교 가정과 이슬람교 가정이 다른가 하면, 부유한 집과 가난한 집이 다른 것이다. 대도시와 작은 마을 간에도 차이가 있으며, 한국의 부모는 독일에 사는 부모와 다르게 생각하고 행동한다. 그래서 아이들도 곳곳마다 다른 생각을 하며 성장한다. 그리고 이제야 우리는 경험을 전하는 것이 아이의 타고난 재능에 어떤 작용을 하는지 이해하기 시작했다.

● 사회 변화에 따라 요동치는 교육

옛날에는 생계를 이어가는 것이 삶에서 가장 큰 문제였다. 물론 지금도 여전히 그런 곳이 많기는 하지만 말이다. 그럴 때 자연의 위협이나 굶주림, 가난, 전쟁, 추방, 굴복 등은 부모와 자녀의 지배적인 경험이 된다. 그런 여건에서 모든 부모에게 중요한 것은 오로지 생존뿐이다. 그리고 부모는 살아남는 데 필요한 것을 최대한 일찍 자녀에게 가르쳐야 한다. 그래야만 생존의 압력에서 벗어날 수 있기 때문이다.

그러나 생존의 위협을 받으면서도 특정 능력이나 재주를 기르고 지속적인 발전을 가능하게 하는 지식과 견문을 습득하는 데 성공한 가정이나 문화공동체는 늘 존재했다. 농작물을 재배하고 가축을 길러서 그럭저럭 살만해지고서야 생존의 압력에서 조금이나마 벗어날 수 있었다. 그리고 어느 정도 살만해진 그 상태를 유지하기 위해 부모는 자녀가 그 특별한 능력과 재주를 가장 효과적으로 익히도록 신경을 써야 했다.

그러다 보니 부모를 그렇게 하게 한 외부 압력이 아이에게 가해지는 내부 압력으로 대체되고 말았다. 이렇게 해서 우리가 오늘날까지 '교육'으로 일컫고 있는 것이 모양새를 갖추기 시작했다. 그것은 보상과 처벌을 통해 생계 면에서나 정서 면에서 의존적인 아이로 하여금 어른이 필요하고 옳다고 여기는 식대로 행동하게끔 할 뿐 아니라, 더 잘 사는 데 필요한 모든 능력을 습득하게 하는 과정이었다. 그리고 지금까지 가정이나 문화공동체가 고난과 궁핍, 억압과 구속 등의 외부 압력에서 벗어나는 데 도움이 된 지식도 습득하게 하였다.

아이가 부모나 다른 양육자에게 많이 의존할수록 이런 식의 교

137

육은 더 순조롭게 이루어졌다. 벌을 주겠다고 위협하거나 상을 주겠다고 예고하여 아이가 부모의 시각에서 볼 때 마땅히 그래야 한다고 여겨지는 것을 하게 하기가 그만큼 더 쉬웠다.

이 교육법은 20세기 말까지 그런대로 순조롭게 이루어졌고, 지금까지도 많은 문화공동체에서 시행되고 있다. 그런데 부득이하게 이 교육 모델을 계속 시행하기에는 무리가 있어 다른 형태의 교육으로 바꿔야 한다는 인식을 하게 하는 두 가지 발전 추이가 있다.

● 숨겨진 재능을 보여줄 기회가 없어서 괴로워하는 아이들

서구에서는 몇 세대 전부터 이미 뚜렷하게 인지할 수 있었던 첫 번째 발전 추이는, 서구의 민주주의 사회에서 성장하는 아이들이 이제 자신의 양육자에게 별로 의존하지 않는다는 것이다. 그들은 더 일찍 부모에게 의존하는 상태에서 벗어나며, 더 일찍 자립해서 무엇을 해야 하고 무엇을 하면 안 된다는 것을 받아들이려 하지 않는다. 그 아이들은 또래 그룹 안에서 더 든든한 발판을 찾게 되고 부모를 필요로 하는 일이 점점 없어진다. 자기가 원하는 대로 하는 아이들의 나이가 갈수록 낮아지고, 압력을 가해도 더는 먹히지 않는다. 부모나 교사는 물론이거니와 경찰 측의 압력도 아무 소용이 없다. 처벌이나 보상에 점점 더 '면역'이 생기는 것이다. 아이들은 자기가 하고 싶지 않으면 하지 않는다.

그럴 때 어떻게 처신해야 할지 몰라서 절망에 빠지는 부모가 많다. 그 부모 역시 자기 부모가 가르치는 것을 배웠지만, 그 지식은 이제 그다지 도움이 되지 않는다. 어린 자녀와 아직 잘 지내는 엄마 아빠가 많을지도 모르지만, 아이가 더 자라면 그들도 좌절을 겪게 된다. 그래서 속수무책으로 부모는 아이의 발달 단계를 점점 더 앞당겨서 교육하려고 애를 쓴다. 훈계나 상벌과는 아주 다른 것이 아이에게 필요한 단계임을 무시해 버리는 것이다. 부모의 불확실한 태도는 아이도 우왕좌왕하게 한다. 아이는 자신이 대답할 수 없는 질문에 버거워하는가 하면, 그 결과가 뭔지도 모르는 결정을 해야 한다. 생후 6개월밖에 안 된 아기에게 이런 질문을 퍼부어대는 것처럼 말이다.

"이게 좋아? 아니면 저게 더 좋아?"

이런 형태의 교육이 이미 한물간 모델이라는 것은 누구나 얼마

아이의 재능이 시들어버리는 것을 막으려면

든지 예견할 수 있다. 온갖 정신 질환에 시달리는 아이가 점점 많아질 뿐 아니라 그 나이도 갈수록 낮아지고 있기 때문이다. 또한, 아무리 강하게 압력을 가해도 그런 식으로는 더는 교육이 불가능한 청소년도 점점 늘어나고 있다. 따라서 온갖 노력을 해봤자 헛수고여서 결국 두 손을 들고 마는 부모가 적지 않다.

교육에 영향을 주는 두 번째 발전 추이는, 숨 가쁘게 돌아가는 현대 사회의 생활 여건이 변화하고 있다는 것이다. 이처럼 변화무쌍하고 융통성 있는 세계에서 점점 더 중요한 의미를 차지하는 것이 한 가지 있다. 그것은 바로 다른 사람들의 느낌을 공감하고 공동체가 어떤 식으로 유지되는지 알아차리는 능력이다. 그런 세계에서는 자신의 특별한 지식과 능력을 가지고 자기를 보여 주는 사람, 주도권을 쥐고 책임을 떠맡는 사람이 환영받는다. 또한, 자립적으로 사고하고 팀워크가 있으며, 자기 자신이나 남들과 잘 지내는 법을 일찍부터 배운 사람을 다들 원한다.

이 새로운 세계는 의지가 강한 사람을 요구한다. 아이가 강하고 자신감 있으며 신중한 사람이 되고 자신의 타고난 재능을 펼칠 수 있으려면, 자기가 있는 그대로 받아들여진다는 느낌이 들어야 한다. 또한, 아이의 성장과 자기 나름의 능력 습득에 원동력이 되는 도전 과제가 필요하다.

그래야 한다는 걸 알면서도 잘 안 될 때가 많다. 아이는 자기가 필요로 하는 것을 얻지 못하면 고통스러워한다. 그래서 그 고통을 덜기 위해 해결 방안을 찾곤 한다. 그리고 자신에게 필요한 것을 찾아내지 못하면, 자기가 손에 넣을 수 있는 것을 대신 취한다. 일종의 대리만족인 셈이다. 그런 대리만족 수단의 예를 들자면 컴퓨터게임이 있다. 컴퓨터 화면 속에서 영웅이 되어 악당과 맞서 싸우면, 잠시나마 자기가 대단한 사람인 것처럼 여겨진다. 아빠와 함께 놀 수 있으면 더 좋겠지만, 아빠는 늘 집에 없다. 또 엄마는 시간이 없다면서 놀아 주지 않는다. 장난감 회사의 개발부서에는 장난감을 어떻게 만들어야 충족되지 못한 아이들의 욕구를 대리만족시켜 줄 수 있는지 잘 아는 심리학자들이 있다. 현대의 미디어 산업을 비롯하여 패션 및 음악업계, 여행사 그리고 최근에는 성형외과까지 자기가 진정 필요로 하는 것을 얻지 못하는 모두에게 신속한 대리만족 서비스를 제공하고 있다.

하지만 주겠다고 약속한 바를 주지 않는 것이 대리만족 수단의

본성이다. 그 어떤 대리만족 수단도 실제로 아이를 행복하게 만들어 주거나 진정한 결속과 본연의 발전 가능성에 대한 욕구를 충족시켜 주지는 못한다. 오히려 시야를 좁히기만 할 뿐이다. 사실상 아무 의미도 없는 것을 중요해 보이게 하기 때문이다. 그와 같은 대리만족 수단은 잠깐의 쾌감을 유발하여 뇌의 보상중추를 활성화하고 개운치 않은 느낌을 남긴다. 그러면서 희열을 느끼는 잠깐 동안 아이의 뇌에서는 이용되는 모든 신경연결과 회로망이 강화되고 확대된다. 일시적이나마 아이에게 안도감과 즐거움을 가져다주고 고통을 억누르는 데에 도움이 되는 것을 하기 위해서다. 아빠와의 교감과 엄마와의 애착이 부족해서 느껴지는 결핍, 그리고 부모에게 자신의 숨겨진 재능을 보여줄 기회가 주어지지 않음에 대한 고통은 아무리 강한 아이라도 견디기 힘들만큼 무자비하다. 아이는 자신의 있는 그대로가 옳지 않다는 생각을 하게 되고, 따라서 모든 아이가 가지고 태어나는 보물을 차츰 잃어버린다. 이로 인해 아이를 점점 더 짓누르는 중압감이 늘어나는 사례가 너무나 많다.

사 랑 이 배 신 을
당   하   면
부모를 마음에서
밀 어 낸 다

평생 한 사람과 결혼하고 사는 것이 용기 있는 행동이라는 말을 흔히 한다. 맞는 말이다. 더러는 경솔한 행동일 때도 있지만, 용기 있는 행동인 건 분명하다. 평생 한 사람하고만 사는 것이 가능한 일임을 증명해 보이는 사람도 있고, 여차하면 헤어진다는 생각으로 시도해 보는 사람도 있다. 이혼은 고통스러운 일이지만 선택 사항이다. 부모는 이혼해도 그만일지도 모르지만, 자녀는 그렇지 못하다. 한 번 아빠는 영원한 아빠이고, 한 번 엄마는 영원한 엄마이다.

하지만 아무나 그렇게 평생 부모의 의무를 다할 수 있는 건 아

아이의 재능이 시들어버리는 것을 막으려면

니다. 가정을 꾸리는 것이 좋은 일이기는 하지만, 사실 혼자서도 얼마든지 잘 살 수 있다. 요즘 시대에는 결혼하지 않고 혼자 사는 사람을 더는 아웃사이더로 여기지 않는다. 그냥 스스로 선택에 의해 남아 있는 사람일 뿐이다. 남의 감정을 배려할 필요도 없고 굳이 누군가에게 해명할 의무도 없다. 본인이 하고 싶으면 하고 하기 싫으면 안 하는 것이다. 그러다 언젠가는 혼자인 것이 지겨워져서 다른 사람에게 묶이고 싶은 마음이 간절해질지도 모른다. 그러고 나면, 자신의 간절했던 동경이 채워지는지, 또 상대방의 변덕스러운 기분이나 단점을 받아들이고 사랑을 배우게 되는지 곧 알게 된다. 우리는 이와 같은 모순을 너무나 잘 알고 있으면서도 선택의 여지가 있기 때문에 이러면 저러고 싶고 또 저러면 이러고 싶은 것이다.

• 아이를 어떻게 키워야 할지 난감한 부모들

그러나 부모가 되기로 한번 결정하고 나면 더는 선택의 여지가 없다. 그 결정과 더불어 부모는 대부분 자녀가 자신의 기대대로 되기를 바란다. 자신의 아이만큼은 특별히 보살펴 주지 않아도 적응력이 뛰어나고 가능한 한 일찍 자립하기를 바란다. 그래서 부모에게 자신의 삶을 영위할 수 있게 하고 부모가 베풀어 주는 것에 고마워하기를 바라는 것이다.

그렇다면 어떻게 해야 그 바람대로 될까? 요즘에는 자녀를 어떻게 다뤄야 할지 잘 몰라서 난감해하는 부모가 많다. 자신의 부모와는 다르게 아이를 키우고 싶지만, 그 방법을 모르는 탓일 수도 있다. 우리가 삶을 계획하고 예측 가능하게 만드는 일에 아무리 익숙해져 있다고 해도, 뜻대로 되지 않는 것이 바로 자녀와 관련된 일이다. 최첨단 기술이 있고 조기 진단이 가능하다고 하는 현대에도 예비 부모는 예측 불가능한 모험을 감행하는 셈이기 때문이다. 자신의 복잡한 삶을 다스리는 것만으로도 버거운데, 갑자기 아이에 관한 책임까지 떠안게 되는 예비 부모는 그 결말이 어떠하든 불확실한 모험을 하게 된다. 건강한 아이가 태어날까? 아이는 어떤 모습일까? 아이가 기쁨을 선사해줄까? 근심만 안겨주는 건 아닐까? 여러 가지 고민에 빠지게 된다.

친구나 배우자를 고를 수는 있어도 자기 아이를 마음대로 고를 수는 없다. 세상 밖으로 나온 아이는 우리에게 수수께끼와도 같다. 일단 그 수수께끼 같은 존재의 암호와 몸짓부터 해독해야 한다. 말 대신 몸으로만 의사를 전달하고 있기 때문이다. 그러다 아기가 울기라도 하면, 우리는 아기가 왜 우는지 금방 알 수가 없어서 당황한다. 무엇을 원하는지, 아니면 뭐가 불만스러운 건지, 혹시 배가 고파서 그러는지 아니면 도움이 필요한 건지, 우리는 아이가 무슨 말을 하는지 모르므로 아이한테 말을 배워야 한다. 그리고 아이를 사랑해야 한다.

사랑에 관해서는 많이들 이야기하지만, 교육과 관련해서 이야기하는 경우는 드물다. 서점에는 자녀를 다루는 법에 대해 적어놓은 조언서나 지침서로 넘쳐난다. 그런 책들은 아이가 잠을 자지 않거나 말을 듣지 않을 때 부모가 어떻게 해야 할지 알려 준다. 끊임없이 새로운 교육 방법이 시중에 쏟아져 나오고 있지만, 계량을 해서 잘 젓고 흔들면 똑똑하고 행복한 아이가 뚝딱 완성된다는 식이다.

다만 교육과 관련해서 사랑을 주제로 다루는 책은 찾아보기 어렵다. 부모에게 자녀에 대한 사랑을 어떻게 묘사할 것이냐는 질문을 던졌을 때 돌아오는 것은 별걸 다 물어본다는 표정이다. 물론 부모라면 누구나 자기 아이를 사랑한다. '사랑이 없으면 안 되지. 그

건 묻고 말고 할 것도 없는데.' 다들 그렇게 생각할 것이다.

　　많은 부모가 자신의 부모한테 사랑을 받았다고 확신한다. 그것이 당연하고, 다른 경우는 있을 수 없으므로 그렇게 확신하는 것이다. 그런데 우리가 어린 시절에 울었을 때, 부모가 달래주기보다 오히려 짜증을 내서 더 불행해졌던 일을 기억하지 못할 수도 있다. 자신의 분노를 표현할 수도 없었고 싫다는 말을 할 수도 없었으며, 이유도 모르는 채 죄책감을 갖고 명령에 복종하면서 커왔다는 사실을 까맣게 잊어버린 것은 아닐까? 크면서 마음에 상처를 받거나 실망스러운 일을 한 번도 겪지 않는 사람은 아무도 없다. 그러나 누구도 부모가 자신을 사랑하지 않았다고 선뜻 말하지는 못할 것이다. 그런 말을 하는 것은 고통스러운 일이다. 그것을 인정하고 싶은 사람이 누가 있겠는가?

　　하지만 자신에게 무엇이 필요했는지 부모가 잘 이해했는가에 대해서는 확신하지 못하는 경우가 대부분이다. 우리가 울면 늘 부모가 옆에 있어 주었는지, 무서워할 때마다 부모가 우리를 품에 꼭 안아 주었는지, 우리가 잘하고 있는 건지 확인을 받고 싶을 때마다

아이의 재능이 시들어버리는 것을 막으려면

부모가 다정하게 고개를 끄덕이며 용기를 북돋아 주었는지 확신이 들지 않는다.

아이에게 줄 수 있는 사랑이란 무엇인가

사랑을 받지 못한 사람도 어쨌든 살아남는다. 다만 문제는 어떤 삶을 사느냐는 것이다. 사랑을 받아보지 못한 사람이 어떻게 남에게 사랑을 줄 수 있겠는가? 그게 뭔지도 모르고 어떻게 하는 건지도 잘 모르는데 말이다. 사랑을 받는 것은 우리에게 영향을 끼치는 최초의 경험이다. 학자들은 어렸을 때부터 성인이 될 때까지 애정과 관련된 경험을 다각적으로 연구해왔다. 그 결과, 영유아기 경험이 장래의 생각과 행동을 결정한다는 것이다. 다시 말해 진정으로 사랑받는 느낌이 들어야 그 사랑을 다른 사람에게 줄 수 있다. 반대로 자신의 기대가 충족되지 않으면, 삶에서 자신에게 의지가 될 만한 다른 것을 찾으려고 할 수밖에 없다.

작고 귀여운 아기를 보면 누구나 예뻐하지 않을 수 없다. 하지만 아이가 말을 하고 걸음마를 시작하면서 갑자기 자기 생각을 갖게 되면 마냥 예뻐하기가 어려워진다. 그럴 때 우리는 어떻게 해야 그 불쾌한 상황이 해결될지 알고 싶어진다. 책을 읽어보면 아이가 도전하는 거라고들 한다. 그렇다면 우리는 그 도전에 응해야 하는가? 아니면 사자를 우리에 가두고 길들이는 조련사처럼 해야 할까? 조련사는 사자를 달래기도 하고 진정시키기도 하며 먹이를 준다. 그러나 사자는 정말로 자기가 필요한 것을 얻지는 못한다.

그러므로 우리가 자기 아이를 사랑한다고 말할 때, 그것이 정확히 무엇을 의미하는지 한 번쯤 생각해 봐야 한다. 아이가 원하는 것을 다 들어주는 것이 사랑일까? 그릇된 행동을 벌하지 않는 것이 사랑일까? 아니면 아들이 종일 컴퓨터 앞에 앉아 무엇을 하고 있는지 관심을 두는 것이 사랑인가? 또 사랑이란 딸이 누구랑 같이 다니는지, 선생님하고는 잘 지내는지에 관심을 갖는 것일까? 혹은 우리가 아이를 대신해서 내키지 않는 결정을 떠맡는 것이 사랑일까? 아이가 부모에게 실망감을 안겨주지 않으리라 기대하는 것이나, 아이에게 자신의 행동으로 빚어지는 결과를 책임지지 않게 해 주는 것이 사랑인가?

아이의 재능이 시들어버리는 것을 막으려면

● 세상이 변해도 아이는 여전히 동일한 부모를 원한다

요즘 부모들은 자신이 어렸을 때 경험하지 못한 여건에서 아이들을 키우고 있다. 우리가 어른으로 성장해온 세계는 더는 존재하지 않는다. 그리고 더 비좁아진 도시에서는 공간을 찾기가 어렵다. 요즘 세상에 아이들을 밖에서 놀라고 내보내는 부모가 얼마나 되는가? 아이들은 집안에 틀어박혀 마우스를 클릭하면서 모니터 화면으로 세상을 접한다. 가족은 뿔뿔이 흩어졌고, 자기가 성장한 곳에서 아직도 일하는 사람은 거의 없다. 직장에서의 요구가 삶의 모든 영역을 지배하고, 온갖 노력은 오로지 일에만 집중되어 있다. 삶에서 의미가 있는 것이라고는 일밖에 없는 듯 보인다. 기동성과 유연성을 갖춘 우리는 이론적으로 언제 어디서든 서로 접촉할 수 있다. 스위스 철학자 디터 투매Dieter Thomä도 이렇게 말한 바 있다.

"오늘날 아이를 낳는 사람은 외모가 젊어야 하고 또 내적으로 유연성을 갖춰야 하는 사회에 역행하는 셈이다. 그 사회에서는 자신의 출세가 가장 우선시되고 일시적으로만 의무를 다할 뿐이다."

더불어 자녀와 함께 사는 여건 또한 근본적으로 달라졌다. 100

년 전만 하더라도 집 밖으로 나가서 일하는 사람들이 비교적 적은 편이었다. 농사를 지어 먹고 사는 사람들이 3분의 1이나 되었기 때문이다. 밭이나 외양간에서 일할 때면 자녀도 늘 함께였고, 부모와 자녀가 같은 곳에서 살았다. 농가에서는 여러 세대가 한 지붕 밑에서 살았기에 엄마가 밖에 나가 일을 할 때면 할머니가 아이들을 맡았다. 따라서 양육은 부모만의 몫이 아니라, 친지와 이웃의 임무이기도 했다. 옆집 아저씨와 아줌마가 일에 지친 부모를 대신해서 2~3일씩 어린 딸을 맡아 주는 건 흔한 일이었다. 그리고 어디를 가나 아이들로 넘쳐났으므로 밖에 나가서 놀아도 혼자가 아니었다.

그보다 훨씬 더 오래전에는 아이들과 어른들이 무리 지어 살았다. 여자 혼자 아이를 키운다는 것은 상상도 못 할 일이었다. 양육은 언제나 공동체가 맡아야 할 일이었으므로 부모와 친척들이 상부상조했다. 비교적 원시적인 사회에서는 지금도 그런 식으로 살고 있다. 가령 아프리카에는 최대 열 명이나 되는 여성들이 동시에 갓난아기를 돌보고 젖을 먹이며 쓰다듬는 부족이 있다. 그곳에서는 조금 큰 언니 오빠들이 동생을 돌보는 건 당연한 일이다.

현대의 서구사회에서 찾아볼 수 있는 핵가족 형태는 200년 전에 처음 생겨난 것이다. 그런데 요즘은 이 최소 가족 단위조차 위협을 받고 있다. 대도시에는 아빠나 엄마하고만 사는 아이들이 대단히 많다. 오늘날 결혼하는 사람은 영원히 변치 말아야 할 부부 관계가 서너 해도 못 가 깨질지도 모른다는 것을 예상해야 한다. 부부 두 쌍 가운데 한 쌍은 결혼한 지 3~7년 사이에 이혼한다. 덕분에 아이들은 엄마와 아빠 사이를 왔다 갔다 하는 신세가 된다. 가정이 깨지면서 할아버지와 할머니를 비롯하여 삼촌과 숙모, 사촌 같은 존재도 아이의 삶에서 같이 사라져 버린다. 그리고 혼자 아이를 키우는 싱글맘이나 싱글대디는 전에 같이 나눠서 하던 일을 도맡아 해야 한다. 예전에는 전시라서 아빠가 전쟁터에 나갔던 시대에만 있었던 일이었으나, 지금은 이혼으로 아빠가 집을 떠났으므로 엄마혼자 아이를 키우는 경우가 많다.

이처럼 가정을 지키겠다는 의지가 갈수록 줄어들고 있다. 언제나 그랬듯 남겨지는 것은 아이의 욕구다. 지금의 아기나 오래 전의 아기나 근본적으로 다를 것이 전혀 없다. 그 옛날에는 썰렁한 동굴에서 아기가 태어났고 지금은 아늑한 침대에 편하게 누워있다는 점에서는 차이가 있을지 모르겠지만, 아기의 기대나 불안감은 예나 지금이나 변함이 없다. 아기는 어둠과 외로움을 두려워하기 때문에 밤에 혼자 있기 싫어한다. 부모가 옆에 있다는 것을 확신해야 편안히 잠이 든다.

이 모든 요구를 충족시키기 위해 요즘 부모는 동시에 몇 가지 일을 처리해야만 한다. 엄마는 아이를 유모차에 태워 끌고 다니면서 통화하는가 하면, 아빠는 아이의 손을 잡고 건널목에 서서 신호가 바뀌기를 기다리는 동안 휴대폰으로 문자를 보낸다. 우리가 더 빨라지는 건 불가능하니까 될 수 있으면 많은 일을 동시에 하려는 것이다.

하지만 아이는 태엽을 감아 움직이는 시계가 아니다. 자라는 속도가 아무리 빠르다고 해도 아이는 아주 천천히 삶에 적응해간다. 그러므로 아이에게 필요한 사람은 시간을 아끼려고 하는 사람이 아니다. 아이는 시간을 아까워하지 않고 아이와 함께 한 걸음 한 걸음씩 순서대로 나아갈 마음의 준비가 되어 있는 부모를 갈망한다.

아이의 재능이 시들어버리는 것을 막으려면

● 아이를 있는 그대로 사랑하라

누군가를 사랑하게 되면 그냥 자기에게 익숙한 식대로 사랑해서는 안 된다. 어떻게 하면 달라질 수 있을까 고민해 볼 필요가 있다. 하지만 그러려면 먼저 자기 자신부터 바꿔야 한다. 자기 자신을 바꾸기 위해서는 삶에서 무엇이 중요한가에 대한 자신의 확고한 생각에 의문을 제기해야 한다. 그리고 자신에게 익숙해진 오랜 습관에서 벗어나려고 노력해야 한다. 만약 모든 아이가 자신이 있는 그대로 수용되고 신뢰를 받고 있으며, 자기가 할 수 있는 것을 뭐든 상대에게 보여줄 수 있음을 경험한다면, 사랑할 수 있는 능력이나 부모 또는 양육자와의 깊은 유대감을 잃어버리는 일은 결코 없을 것이다.

그러나 실제로 아이는 일찍부터 전혀 다른 경험을 하며, 그 경험은 너무나 고통스러운 것이다. 어른은 자기를 좋아하지 않거나 이용만 하는 사람과 같이 살아야 할 때, 언제든 떠나버릴 수 있다. 혹은 그 사람을 집에서 내쫓아 버리면 그만이다. 또 끊임없이 다투게 되는 사람과 같이 살 필요가 없으며, 얼마든지 자기 생각을 말할 수 있다. 하지만 아이는 그렇게 할 수 없다. 깊은 유대감을 느끼는 사람들의 무관심이나 잔소리, 훈계, 은근한 기대, 모욕적인 반응 등을 참고 견딜 수밖에 없는 것이 아이의 처지다. 어른이라면 도저히 버텨내지 못하지만, 아이는 용케 견딘다. 그러다 어쩔 수 없어지면 자신이 무조건 사랑하는 사람을 마음에서 밀어내려고 애쓴다. 그러면 아이는 엄마나 아빠가 자신에게 무슨 말을 할 때 더는 들으려 하지 않고 대답도 하지 않는다. 또 안아 주는 것을 거부하는가 하면, 부모와 더는 아무것도 같이하려고 하지 않는다. 그리고 친구들과의 만남을 끊거나 자기가 애정을 쏟을 수 있는 다른 대상을 찾는다. 마음이 갈기갈기 찢긴 느낌이 들 만큼 고통스러워하는 아이는 점점 다루기가 어려워지며, 화를 잘 내거나 쉽게 좌절감에 빠지기도 한다.

이 모든 경험은 전뇌에 깊이 뿌리박혀서, 훗날 어른이 되었을 때 내적인 관점 혹은 자세로 압축된다. 이처럼 불리한 경험의 영향을 받아 그에 맞는 자세를 갖추게 되는 아이는 어른이 되어서 적어도 한 가지만큼은 잘할 수 있다. 즉, 세상이 자신을 속일지라도 잘 견뎌내고 어떤 세계에도 잘 적응하는 것이다. 바로 우리가 하는 것처럼 말이다.

아이의 재능이 시들어버리는 것을 막으려면

발견의 기쁨을
상실하면 세상에
무관심하고 의욕
없는 사람이 된다

● 아이가 먼저이지 않을까

요즘 독일이 안고 있는 문제는 아이들에게 더 많은 것을 해 주고 싶어도 협조하지 않는 사람이 너무 많다는 것이다. 어린이집이나 유치원, 놀이터 등을 새로 지으려고 하면 불만이 쏟아진다. 아이들이 뛰어노는 장소가 옆에 있으면 방해를 받는 느낌이 들기 때문이다. 아이들을 위한 공간을 마련하려는 시도들은 거의 모두 복잡한 법적 소송으로 이어지고 있다. 쾰른의 자유공간조성 연방협회가 조사한 바로는, 독일의 50개 대도시에서 놀이터 건설을 추진하는 담당자들 가운데 대다수가 있을지도 모를 소음공해로 말미암은 이웃과의 분쟁이 최대의 난제라고 하소연하고 있다.

아이들은 자기가 방해되거나 환영받지 못하는 것을 금방 깨닫는다. 초롱초롱한 눈을 가진 다섯 살짜리 꼬마 모리츠는 늘 가만히 있지 못하고 활동적이다. 우리는 그 아이를 함부르크 교외에서 만났다. 그곳은 시내보다 좀 조용하기도 하고 물가도 비교적 낮아서 거주 세대가 많은 편이다. 모리츠는 커서 자기 엄마처럼 자동차를 운전하고 싶어 했다. 엄마는 아침마다 근사한 승용차에 모리츠를 태워 유치원에 데려다 주었다. 유치원에서 모리츠는 창고에 있던 보비카를 꺼내 와서 열심히 운전을 연습했다. 소리를 지르고 뛰어다니다가 발로 차기도 하는 것이 재미있어 보였지만 시끄러울 수밖에 없었다. 그래서 이제 모리츠는 유치원 건물 안에서만 놀아야 했다. 이웃집에 사는 음악 교사가 창문을 열어놓고 작업을 해야 잘 되는데, 시끄러워서 작업을 못 하겠다고 불평했기 때문이다.

그런가 하면 모리츠와 친구들이 언젠가 이웃해있는 공터에 들어가 논 적이 있는데, 다시는 그러지 못하게 되었다. 그 맞은편에

아이의 재능이 시들어버리는 것을 막으려면

사는 이웃 사람이 그곳에 비료를 쌓아두고는 자기가 그 땅을 이용할 권리가 있다고 우겼기 때문이다. 그 후로 아이들은 울타리를 넘어갈 수 없게 되었다. 보육 교사들은 다투고 싶지 않아서 아이들에게 유치원 울타리를 넘어가서 놀면 안 된다고 당부했다. 또 한 번은 유치원 뒤쪽에 있는 집주인이 찾아와서 유치원 때문에 자기 땅의 가치가 20퍼센트나 떨어진다고 들었다면서 투덜대기도 했다.

좁은 공간에서 함께 살려면 어쩔 수 없는 일이다. 유치원 위로 날아가는 점보비행기 소리와 낙엽흡입기, 잔디 깎는 기계가 내는 소음 등은 이곳에서 살려면 누구나 감수해야 하는 것들이다.

그런데 유치원 이웃들의 인내심이 한계에 다다른 상황이 벌어졌다. 유치원 대지에 만 3세 이하의 유아들을 위한 작은 보육시설을 짓게 되었던 것이다. 15명의 유아는 하나같이 모리츠만큼 소란스러웠고, 부모가 각자 차로 데려오고 데려갔다. 이웃 사람들이 이런 소란을 좋아할 리 만무했다. 결국 주민회의가 소집되었고, 아이들이 소리를 지르거나 뛰어다니는 등 소란을 피워서는 안 된다는 결정이 내려졌다. 그렇게 해서 모리츠는 방해받기 싫어하는 어른들 때문에 발견의 기쁨이 끝나는 것을 경험하게 되었다.

모리츠는 소리를 내지 않으려고 늘 조심해야 했다. 나무가 있는 유치원 뒤뜰에서 잠시 둘러보기만 하려는 것뿐인데도 어른들은 그것조차 싫어했다. 그러므로 어린 모리츠에게는 크고 넓은 세상이 새장처럼 여겨질 수밖에 없다. 그리고 그것이 아이가 평생 기억하게 될 세상의 모습이다. 아이가 조금만 몸을 움직여도 다른 사람이 바로 '정지!' 하고 외치니 새장에 갇힌 신세와 다를 게 있을까?

● **아이를 방해꾼으로 여기는 사회가 되다**

모리츠와 친구들이 함부르크 교외에서 겪고 있는 것은 독일 아이들이 일상으로 경험하는 일이다. 아이들이 사는 도시에서는 싱글을 위한 호화주택을 지으면 유치원을 짓는 것보다 수익성이 훨씬 더 좋다. 시외로 빠지는 간선도로 주변과 같이 집세가 싼 곳에 유치원이 점점 많아지고 있는 것도 그 때문이다.

그래서 요즘은 아이들이 직접 탄원서를 보내오는 경우도 적지 않다. 뮌헨 시의 교육위원회 앞으로 보내온 '라우라와 친구들'의 편지를 보면 이런 내용이다.

우리가 운동장에서 놀 때마다 꾸지람을 듣고 항상 조용히 해야 하므로 이 편지를 보내요. 우리는 인라인을 타거나 공놀이를 하는 건 물론이고 자전거조차 타서는 안 되거든요.

추신: 어른들은 항상 말이 많으면서 우리한테만 입을 다물라고 해요.

독일에는 현재 1960년대보다 600만 명이나 적은 어린이가 살고 있다. 또한, 유럽에서 독일보다 출생률이 낮은 나라는 찾아보기 어렵다. 한참 동안 여러 도시를 돌아다녀도 아이를 한 명도 볼 수 없는 때도 있다. 대부분 집에 틀어박혀 있거나 집 앞에서는 더는 할 수 없는 취미활동을 하러 나가기 때문이다. 어린 모리츠는 이렇게 말하며 의아해했다.

"어른들은 만날 야단만 쳐요. 근데 난 왜 그러는지 정말 모르겠어요."

독일은 유럽의 양로원과도 같다. 평균 연령이 44.2세이고, 독일인 5명 중 1명은 65세 이상이다. 이와 같은 고령화 추세는 갈수록 더 심해져서 2050년이 되면 인구가 10퍼센트 가량 줄어들 것으로 예상한다.

현실은 아이와 부모 그리고 나라의 미래를 보더라도 너무나 가혹하다. 출생률이 줄어들고 인구의 고령화가 빨라질수록 아이와 관련된 일은 점점 더 뒷전으로 밀려날 수밖에 없다. 이처럼 아이의 수가 줄어드는 추세는 장래의 연금생활자를 위한 자금 조달에 타격을 줄 뿐만 아니라 사회적 분위기에 변화를 가져오기도 한다. 아이를 무슨 희귀동물 보듯이 대하거나 방해꾼으로 여기는 사회에서는 아이나 부모 모두 혼자 내버려진 듯한 위협을 느끼게 된다.

영국에는 어린이 금지 지역으로 지정된 마을도 있다. 인구 1만 1,000명의 네른이라는 소도시 부근에 있는 퍼홀 빌리지에서는 16세 이하의 자녀가 없고 45세 이상인 사람만 거주할 수 있다. 손자나 손녀가 조부모 집에 놀러 오는 것도 2~3주 동안만 연달아 머물 수 있고, 방문 가능한 일수가 1년에 총 3개월밖에 안 된다. 투자가들은 아이 없는 마을을 계속해서 더 지을 생각이며, 독일도 수요가 만만치 않다. 유럽에서는 'Adults-only-Holiday(성인만을 위한 휴일)'이라는 광고로 시선을 끄는 여행사가 늘어나고 있다. 아이들은 이제 마음대로 밖에 나와 있지도 못하고, 어른과 어디에 같이 가지도 못하는 처지가 되었다. 심지어 미국과 영국에는 아이들 옆에 앉기가 싫어서 어린이가 없는 항공편을 요구하는 탑승객도 있다.

아이의 재능이 시들어버리는 것을 막으려면

● 아이에게 가장 중요한 경험인 관계경험

　　몸을 마음대로 움직이지도 못하고 성가시게 구는 일 없이 늘 얌전히 있어야 한다고 끊임없이 강요당하면 아이는 어떻게 될까? 무엇을 해야 하고 무엇을 하면 안 되는지 늘 잔소리를 듣는다면? 집이나 이웃에서만이 아니라 유치원이나 학교에서도 그렇게 계속 억압을 당하면 어떻게 될까? 모든 아이는 태어날 때부터 호기심이 강하다. 만 4세 아이는 하루에 400개나 되는 질문을 한다. 그런 식으로 삶에서 무엇이 중요한지 배우고, 그러면서 끊임없이 새로운 경험을 한다. 그중에서도 아이에게 가장 중요한 경험은 다른 사람들과의 관계에서 하게 되는 관계경험이다. 그리고 이 경험은 아이의 뇌 안에 그 어떤 것보다도 깊이 자리 잡는다. 학교에 들어가서 1~2년쯤 지나면 대부분의 아이가 타고난 학습의욕을 잃는 것은 결코 자연의 법칙이 아니다. 그렇게 되는 것은 수업방식에 문제가 있기 때문이다. 학교에서는 공부를 가르치기에만 급급한데 어떻게 호기심을 잃지 않겠는가? 모든 아이가 자기 주변에는 발견하거나 탐구하고 배울 것이 많다는 것을 경험한다면, 천부적인 발견의 기쁨을 잊는 일은 절대 없을 것이다. 주변 세계를 더 자세히 탐색하고 의문을 제기하며 더 많이 알고자 하는 것을 자발적으로 그만두는 아이는 한 명도 없다. 그러나 아이가 알아내려고 애쓰는 것에 아무도 관심을 두지 않으면, 아이는 곧 의욕을 잃고 만다. 혹은 부모가 다른 일을 하려던 중이었거나 시간이 없어서 신경질적인 반응을 보일 때, 아이가 자신의 질문과 전혀 상관이 없는 설명을 계속 들어야할 때, 또 잘난 체하는 누군가가 와서 무엇이 중요한지 아이를 가르치려들 때도 흥미를 잃기는 마찬가지다.

● 스스로 발견하는 기쁨과 묻고 대답하는 즐거움을 돌려주자

어른이더라도 그런 행동을 오래 견디지 못해서 그냥 가버리거나 못 들은 척할 것이다. 아니면 아프다고 둘러대거나 며칠 쉬겠다고 할 수도 있다. 하지만 아이는 엄마 아빠를 실망시키지 않으려고 얌전히 하라는 대로 하느라 그럴 수가 없다. 그리고 초등학교에 들어가면 선생님의 기대를 저버리지 않기 위해, 또 학교에선 누구나 다 그래야 하니까 더 꿋꿋하게 견뎌낸다. 아이는 그것이 자신에게 의미가 있는 것일 때만 학습을 한다. 하지만 학교는 학생에게 무엇이 중요한지 관심조차 없다. 그냥 계속 가르치고 억지로 주입시키기만 할 뿐이다.

그렇다면 스스로 발견하는 기쁨이나 묻고 대답하면서 느끼는 즐거움, 배우면서 자신의 지식이 늘어나는 것에 대한 기쁨을 너무 일찍 상실해 버리는 아이는 어떻게 될까? 그런 아이는 우리 대부분이 마찬가지 여건 아래에서 이미 그렇게 된 것처럼 성장할 것이다. 이 경이로운 세계에서 발견하고 탐구하고 인지할 수 있는 모든 것에 무관심하고, 아무 의욕도 없는 사람으로 자랄 수 밖에 없으니까.

조형 욕구에 제동이
걸 리 면　자 신 의
중요성과 효용가치를
느 끼 지　못 한 다

● 컴퓨터로 조형된 세상에 사는 아이들

　　옛날에는 아이들이 지루함을 느낄만한 여유가 있었다. 우리도 어렸을 때 겪어봐서 알지만, 지루함은 견디기 어려운 것이다. 그러나 또 한편으로는 지루함이 재미있는 일을 구상하게 하기도 한다. 지루함을 달래기 위해 온갖 창의력을 발휘해서 뭔가 방법을 찾아내는 것이다.

　　그런데 요즘은 컴퓨터나 TV, 스마트폰 등이 그런 노력을 불필요하게 만들고 있다. 버튼을 누르기만 하면 더는 심심해할 시간이 없어진다. 오늘날 어린이나 청소년들은 심심할 때 가장 먼저 게임이나 채팅으로 기분을 전환하고자 한다. 아이를 키우는 부모라면, 딸이 페이스북으로 친구들과 대화하는 모습을 보면서 기가 막힐 것이다. 클릭 한 번이면 바로 친구들이 나오고, 또 클릭만 하면 친구들이 없어진다. 그래서 자기 방에 틀어박혀 혼자 노는 아이들이 점점 많아지고 있다. 첨단 기술이 아이들을 유혹하여 완벽한 소비자로 만들어가고 있는 것이다.

편리한 점이 많음에도 컴퓨터는 몹쓸 존재가 되어 버렸다. 컴퓨터 때문에 변해가는 아이를 보면서 망연자실한 부모가 많다. 이 몹쓸 것이 아이들의 삶에 끼어드는 것을 허용한 사람이 누구인가? 페이스북을 안 하면 친구들한테 따돌림을 당한다는 아이의 말에 더는 버티지 못하고 허락한 사람이 누구인가? 아이에게 갑자기 얼굴조차 모르는 친구들이 300명 생긴다거나, 인터넷에서 수백, 아니 수천 명의 아이들이 등록된 파티에 자녀가 초대된다고 해도 전혀 이상할 것이 없다. 손가락으로 키보드를 누르기만 하면 되는 이런 삶은 뭐라고 설명해야 할까?

아이들의 방은 미디어 시장으로 둔갑해버린 지 이미 오래다. 요즘 아이들은 생일에 인터넷으로 쇼핑할 수 있는 상품권이나 노래와 영화를 내려받을 수 있는 쿠폰 같은 것들을 원한다. 다른 것을 찾아보려고 해도 아이나 부모 모두에게 좋은 선물이 떠오르지 않을 때가 많다. 유아용 터치패드만 있으면 아기도 얼마든지 컴퓨터를 다룰 수 있다. 아기가 손가락으로 스크린을 터치하면, 소가 '음매' 소리를 내거나 개가 '멍멍' 짖거나 한다. 또한, 손으로 나무블록을 쓰러뜨리는 대신에 자판을 두드리기만 하면 가상의 탑을 무너뜨릴 수 있다.

유튜브Youtube에 접속해 보면, 소형 컴퓨터 앞에 앉아 있는 어린아이들이 자주 눈에 띈다. 이 아이들이 컴퓨터를 얼마나 잘 다루는지 보고 있으면 그저 놀라울 따름이다. 뉴욕에는 이미 디지털 어린이 학교라는 곳도 있다. 이 학교에서는 닌텐도나 Xbox에 능숙한 어린이들이 컴퓨터게임의 구조에 중점을 둔 수업을 받으면서 재능을 키울 수 있다. 아이들은 자신의 삶을 온오프로 나눈다. 그리고 누구하고든 접촉을 유지하기 위해 너무나 당연한 듯 밤새도록 컴퓨터 앞에 앉아 있다.

167

언제 또 얼마 동안 컴퓨터를 할 수 있는지를 놓고 자녀와 티격태격하지 않는 가정은 아마도 없을 것이다. 페이스북 계정을 열고 몇 시간씩 컴퓨터 앞에 죽치고 있는 것이 '사회적 접촉'을 위해서라고 한다. 디지털 기술은 우리를 어지럽게 만들 만큼 중대한 의미가 있다. 디지털 과학기술을 대하는 처지와 관련하여 영국의 연구팀이 설문 조사한 결과, 응답자 가운데 절반에 가까운 이들이 네트워크 범위 안에 있지 않으면 박탈감을 느끼는 것으로 나타났다. 또한, 스마트폰이 없으면 한 손이 없는 것 같은 느낌이 든다는 사람도 적지 않았다.

요즘 거리를 지나다니다 보면 손에 휴대폰을 들고 있지 않은 사람이 별로 없다. 언제든 누군가와 연락이 닿을 수 있기를 바라는 것이다. 화장실에 있든 마트에서 줄을 서 있든 시도 때도 없이 벨이나 알람이 울린다. 그리고 자신의 일거수일투족을 일일이 상대방에게 보고한다. 그래서 어디서나 휴대폰으로 열심히 통화하고 있는 타인의 사생활에 자기도 모르게 끌려들어 가게 된다. 그들은 비행기나 기차 등에서 내리자마자 가족 또는 회사에 일상을 보고한다. 덕분에 끊임없이 벨이나 진동이 울려댄다. 그러면 아이들은 그 모습을 옆에서 쭉 지켜보면서 그 모든 것이 얼마나 중요한지, 동시에 자기 자신은 얼마나 중요하지 않은지 체험하게 된다.

자신도 모르는 사이에 우리는 자기가 지배한다고 생각하는 시스템에게 지배받는 데 이미 익숙해져 있다. 컴퓨터가 우리에게 명령하도록 지시하는가 하면, 우리가 어떤 문장부호를 써야 하고 또 쓰면 안 되는지 지정해 주고, 실수가 허용되는지 아닌지 결정하는 것처럼 말이다. 기계가 우리에게 무엇을 하도록 허용하는 일이 얼마나 많은지 생각해 본 적이 있는가? 우리 자신과 아이들을 이와 같은 시스템에 내맡길수록 우리는 점점 그 메커니즘의 노예로 전락해 갈 것이다.

요즘 부모가 자녀와 나누는 대화는 컴퓨터와 관련된 것일 때가 많다. 세 살짜리가 아빠 휴대폰을 가지고 놀아도 되는지, 일곱 살 난 아들에게 컴퓨터 수업이 필요할지, 컴퓨터 앞에 앉아 있는 시간을 하루에 몇 시간씩 허용하면 좋을지 등은 어느 가정에서나 일상적인 대화 주제이다. 신문을 보면 몇 시간 동안 아이가 컴퓨터 앞에 앉아 있어도 되는지 연령별로 분류해놓은 전문가의 말이 인용되어

아이의 재능이 시들어버리는 것을 막으려면

있다. 그리고 마치 그것이 기본적인 인권이라도 되는 양, 그래서 컴퓨터가 없으면 아이가 더는 살 수 없는 것처럼 떠들어댄다. 부모는 자녀의 여가를 어떻게 짤 것인가 고민할 때 당연한 듯 하루에 한두 시간씩 미디어 소비 시간을 계산에 넣으면서도, 그 정도면 충분할까 전전긍긍한다.

● 아이가 스스로 삶을 조형할 수 있도록

자신이 조형은 하지 못하고 소비만 할 수 있다는 사실은 아이에게 대단히 자존심 상하는 일이다. 모든 아이는 천성적으로 책임을 떠맡고 싶어 하며, 무언가에 이바지하거나 자신을 드러내고 싶어 한다. 아이에게 필요한 것은 자기 몸으로 직접 해볼 수 있는 체험이다. 그런데 수영할 줄 아는 어린이가 갈수록 적어지고 있다. 만 6~12세 사이에 수영을 배우지 않으면 나중에는 배우기가 어렵다. 하지만 그 연령대의 아이는 대부분 컴퓨터든 TV든 어떤 화면 앞에 앉아 있다. 아이가 감각적 경험을 통해서 자기 스스로 무엇을 만들고 조형할 수 있는지 느껴볼 기회가 자주 주어진다면, 스스로 조형하거나 자신의 주변 세계를 같이 만들어가는 것에 대한 기쁨이나 의욕을 잃는 일은 절대 없을 것이다. 그러면 아이가 가상 세계에서 자신의 조형 욕구를 충족시키려는 일도 서서히 줄어들 것이다.

그러기 위해서는 자신이 실제 삶에서 정말로 쓸모가 있다는 것을 아이가 경험할 수 있어야 한다. 그리고 자기 자신이 중요할 뿐 아니라 새로운 해결책을 모색할 때 창의력을 발휘하는 것과 일상에서 협력하는 것도 중요함을 경험해야 한다. 그런데 이거 다음엔 저거 하라는 식으로 끊임없이 간섭을 받는다면, 아이가 어떻게 그런 중요한 경험을 할 수 있겠는가? 어쨌든 그렇게 해서는 아이가 자신의 중요성이나 자기 효용가치를 느낄 수 없다.

스스로 더는 조형할 수 없는 상황에 부닥치며, 어떤 틀 안에 갇혀 똑같은 일만 반복해야 한다면, 어른일지라도 병이 나고 말 것이다. 그런 식으로 도구화되는 사람은 누구나 자기 마음대로 할 수 있는 자유를 추구하기 마련이다. 그러면 최소한 뭔가를 자기 생각대로 조형할 수 있다는 느낌은 들 수 있기 때문이다.

아이들도 그와 마찬가지다. 다만 요즘 아이들이 추구하는 자유

아이의 재능이 시들어버리는 것을 막으려면

는 부모나 조부모 세대가 추구하던 것과 더는 같지 않다. 예전에는 정원을 가꾸거나 집을 짓는 일, 또는 자원 봉사를 같이하면서 부모와 자녀가 의미 있는 경험을 쌓고 가치 있는 능력을 습득할 수 있었다. 한편, 요즘 아이들은 현대의 미디어 매체를 이용해 습득하는 능력 덕분에 그 미디어 매체가 제공하는 모든 가능성을 잘 활용할 줄 안다. 하지만 어떻게 벽에 못을 박고 정원을 가꾸거나 텐트를 치는지, 혹은 생각이 다른 사람을 어떻게 다뤄야 하는지는 컴퓨터로 정확하게 배울 수 없다.

신뢰가 악용되면
난   관   에
무   능   한
사 람 이   된 다

● **아이의 능력을 믿지 않는 부모**

아이의 발달이 어떻게 이루어지고 어떤 식으로 애착이 형성되어 안정적인 성장이 가능해지는지 이미 많은 사실이 과학적으로 밝혀졌다. 그럼에도 아이가 이 험난한 세상을 잘 헤쳐 나갈지에 대한 불신과 막연한 불안감이 문득 고개를 들곤 한다. 하지만 그보다 더 우려해야 할 것은 부모가 아이의 능력을 더는 신뢰하지 않는다는 사실이다. 즉, 자기 아이가 스스로 올바른 순서와 단계를 밟아 나갈 수 있다는 것을 믿으려하지 않는다.

아이들이 무엇보다 잘할 수 있는 것이 한 가지 있다면, 바로 무럭무럭 자라는 것이다. 아기는 엄마 뱃속에 있을 때부터 놀라운 속도로 자란다. 첫 몇 주 동안 태아는 처음 크기의 2만 7,500배로 커지고 그다음부터는 속도가 많이 둔화하지만, 여전히 몇백 배 크기로 쑥쑥 자란다. 우리가 출생 후에도 같은 속도로 계속 자란다면, 18세가 되었을 때 키가 750미터나 되고 체중이 어마어마하게 나갈 것이라고 네덜란드 생물학자 미다스 데커스Midas Dekkers가 추산했다. 아이가 처음으로 일어서서 세상을 위에서 내려다볼 수 있기까지는 1년이 넘게 걸린다. 그러나 아이는 이 모든 것을 혼자 힘으로 해내며, 그 사실을 무척 자랑스러워한다.

급격한 변화에 할 말을 잃게 되는 요즘 같은 시대에는 누구나 자녀 때문에 또 당혹스러워지기를 원치 않는다. 그래서 어떤 아이로 키울지 미리 계획을 세우는 예비 부모가 점점 늘고 있다. 될 수 있으면 손이 많이 안 가게 키우고, 최대한 일찍 아이를 자립시켜서 엄마 아빠의 삶에 방해가 되지 않게 하려는 것이다. 부모의 위시리

스트는 끝도 없이 길고, 어떤 아이가 태어날지 예상해볼 가능성이 무궁무진해졌다. 네덜란드 의사들은 임신 8주에 아들인지 딸인지 알 수 있는 혈액검사법을 개발했으며, 전 세계적으로 점점 더 많은 부모가 아이의 성별을 스스로 결정하고 싶어 한다. 미국이나 이스라엘, 벨기에 같은 나라에서는 인공수정을 할 때 부모가 성별을 택할 수 있다.

　그러나 의학이 가능하게 만든 그 일이 어떤 결과를 가져오는지는 인도와 중국 등지에서 여실히 나타나고 있다. 그곳에서는 산전 성감별이 여아를 인위적으로 낙태시키는 결과로 이어지고 있다. 가부장적인 사회에서는 아직도 딸보다 아들을 더 선호하기 때문에 많은 부모가 초음파 검사 결과가 딸로 나오면 자라고 있는 생명을 죽이기로 결정한다. 그런 식으로 매년 50만 명의 여아가 태어나기도 전에 죽임을 당하는 것으로 추정된다.

　전 세대까지만 하더라도 아이를 귀한 선물로 여겼다. 부모는 아이를 가지면 기뻐했고, 아이가 무탈하게 잘 자라기만을 바랐다. 그런데 요즘은 많은 이들이 아이는 언제든 낳을 수 있다고 생각한다. 60이 넘은 나이에 첫 아이를 낳는 산모도 있으니 그런 생각을

아이의 재능이 시들어버리는 것을 막으려면

할만도 하다. 이처럼 인공수정 덕분에 불가능한 것이 가능해졌다. 그런가 하면 산부인과 의사들은 임신한 여성에게 기형아 검사를 받으라고 권한다. 장애가 있는 아이를 키우는 삶이 얼마나 가치가 있을지는 조금도 고려하지 않는다.

게다가 요즘 부부들은 언제 그리고 어떻게 아이를 낳을지에 대해 구체적으로 생각한다. 완벽한 타이밍을 기다리면서 출산예정일을 달력에 미리 표시한다. 제왕절개를 하면 출산일을 마음대로 정할 수 있으니 문제 될 것이 없다. 예상하지 못한 뜻밖의 일만 안 생기면 그만인 것이다. 그러나 막상 닥치고 보면 그런 일이 줄을 잇는다. 그리고 젊은 부모는 어떻게 다뤄야 할지 난감한 새로운 존재가 갑자기 자기 팔에 안겨 있는 것을 깨닫게 된다. 미리 생각해 둔 식으로 그 존재를 다뤄보려고 하지만 허사다. 부모는 우선 그 생소한 존재와 친숙해져야 하고, 관찰을 통해 그 몸짓을 이해할 시간이 필요하다.

여러 연구 결과가 보여 주듯이, 아이를 신뢰하고 아이가 보내는 신호에 귀 기울이는 부모를 찾아보기가 점점 힘들어지고 있다.

오스트리아 빈대학의 발달심리학 교수이자 애착 연구가인 리젤로테 아네르트Lieselotte Ahnert는 출생 후 부모와 아이 사이에 어떻게 애착이 형성되는지 30년이 넘는 기간에 걸쳐 조사했다. 그 결과, 요즘은 부모가 아이의 욕구를 존중하고 아이가 자신에게 무엇이 필요한지 알고 또 표현할 수 있다는 것을 믿기보다는, 아이가 부모의 욕구에 자신을 맞추는 경향이 더 강한 것으로 나타났다.

- **자신을 신뢰하지 않는 부모를 향한 거리를 둔 애착**

아이는 괜한 수고를 할 필요 없이 가능한 한 부모의 삶에 자신을 맞추면 되는 것이다. 그러면 될 수 있는 대로 빨리 자립심을 길러서 부모를 성가시게 하지 않을 수 있다. 그런 식으로 아이는 분노나 고통과 같은 자신의 감정을 가지고 부모를 괴롭히지 않는 법을 일찍부터 배운다. 그리고 두려움이나 근심을 혼자 알아서 해결하려 한다. 그러면서 애착 연구가들이 '거리를 둔 애착 패턴'이라고 부르는 것, 즉 가까워지는 것을 두려워하고 자신의 근심이 진지하게 받아들여지지 않을까 봐 미리 거부하는 행동 패턴이 형성된다.

독일의 어린이 두 명 가운데 한 명은 '불안정한 회피 애착 유형'에 속한다는 것이 학자들의 견해다. 자신의 욕구에 신경을 쓰거나, 도움을 청하고 위로를 받도록 부모에게 격려받지 못한 아이들이 이 유형에 속한다. 또한, 애착 연구가들은 정신 질환이 급격하게 증가한 것도 어린 시절의 불안정한 애착 형성 탓이라고 본다. 물론 그런 아이라고 해서 나중에 반드시 문제가 생기는 것은 아니다. 모든 일이 순조롭게 잘 풀려서 위기가 닥치지 않는다면 별문제가 없다. 감정을 드러내지 않고 무슨 일이든 혼자 힘으로 해결하려는 사람을 보면, 우리는 유능하고 자신만만하며 멋지다고 평가한다. 하지만 그런 사람일수록 한순간에 무너지기가 쉽다. 위기가 닥쳤을 때 그런 사람들은 고민을 혼자 해결하려 한다. 그래서 폭식이나 과음에 빠져 고혈압이 되기도 한다. 결국 어렸을 때 따뜻한 관심을 받지 못하거나 정서적으로 홀대받은 사람은 평생 폭탄을 안고 사는 셈이다. 살다가 언제 정신 질환을 앓거나 몸에 이상이 생길지 모르기 때문이다.

강한 아이들의 비결인 회복탄력성, 즉 장해 요인에 대한 저항력과 관련된 연구는 1950년대에 들어서면서 처음 시작되었다. 수

십 년에 걸쳐 진행된 이 장기 연구는 하와이 카우아이 섬에 사는 아이들을 대상으로 하였다. 학자들은 1955년에 이 섬에서 태어난 모든 아이를 30년 넘게 계속 관찰했다. 그 당시 아이들이 처한 생활 여건은 열악한 경우가 대부분이었다. 가난은 일상이었고, 부모의 결혼 생활이 원만하지 못해서 아버지들은 툭하면 술을 마시고 아이들을 때리는 것이 다반사였다. 그런데 그처럼 열악한 여건임에도 아이들 세 명 중 한 명은 성취력이 강하고 배려심이 있는 어른으로 성장했다. 그 아이들이 그렇게 성장할 수 있었던 것은 아빠나 엄마 말고 다른 양육자에게서 따뜻한 보살핌을 받았기 때문이다. 적어도 한 명 이상의 다른 양육자가 안전하게 보호받는 느낌과 신뢰를 선사해 주었는가 하면, 언제든 고민을 털어놓고 실망감에 대처할 용기를 북돋아 주었던 것이다. 그런 식으로 이모나 고모, 교사, 이웃 사람이 부모의 빈자리를 채워줄 수 있다.

그래도 생후 12개월까지는 대부분의 부모가 아이의 발달 단계에 보조를 맞추려고 노력한다. 그래서 아이가 왜, 어떻게 반응을 하는지 알고 싶어서 아이의 몸짓을 해독하고 아이의 행동에 의미를 부여하려 한다. 그때까지는 아이의 반응에 호기심이 생길 뿐 아니라 아이를 잘 알기 원한다. 하지만 그 시기가 지나면 관심이 없어지는 부모가 많으며, 아이의 행동을 평가하고 분류하여 어떤 범주에 넣는 일이 갈수록 늘어간다. '주의해라, 안 다치게 조심해라, 외투를 입어라, 모자를 써라' 등 이래라 저래라 일일이 지시받는 아이가 어떻게 자기 자신을 책임질 수 있겠는가?

바지가 젖겠다고 잔소리하는 일 없이 아이가 물웅덩이 안에서 첨벙거리며 뛰어다니게 내버려 두고 있는가? 놀이터마다 지키고 서서 모든 행동을 주시하며 자기 아이가 행여나 다칠까 봐 전전긍긍하고 있지는 않은가? 베를린 출신의 여류작가 울리케 드래스너 Ulrike Draesner는 요즘 부모들의 과잉보호에 대해서 이렇게 일침을 가하고 있다.

"감옥이나 정신병원의 철창 안에 갇혀 있다고 해도, 혹은 경호원과 방탄유리, 5중의 전신스캐너 등으로 철통같이 에워싸인 정부청사의 방 안에 숨어 있다고 해도, 엄마들이 지키고 있는 베를린의 놀이터만큼 안전하지는 못할 것이다."

아이들이 감시받지 않고 놀 가능성은 지난 몇 년 사이에 급격하게 줄었다. 높은 곳에 올라가거나 물과 불 또는 돌을 다루는 것과 같은 도전에 응하면서 성장할 기회를 누리는 아이는 소수에 불과하다. 우리는 아이 혼자 괜찮을까 염려스러운 나머지 끊임없이 아이의 놀이에 끼어들고 있지 않은가? 용기를 북돋아 주기보다는 잔소리할 때가 더 많지 않은가? 늘 이러니저러니 평가받는데 아이가 어떻게 자기 자신에 대한 믿음을 가질 수 있겠는가?

이처럼 부모가 간섭하는 것은 자기 아이가 훗날 치열한 경쟁을 감당하지 못할까 봐 불안해서 그러는 것이다. 예일대학 교수인 에이미 추아Amy Chua가 쓴 책을 놓고 거의 히스테리에 가까운 논쟁이 벌어지고 있는 것도 그 사실을 입증한다. 에이미 추아는 원제가 『호랑이 엄마의 군가Battle Hymn of the Tiger Mother』인 저서에서 경쟁 사회에 대비하여 자신의 아이들을 어떻게 키우고 있는지 이야기하고 있다. 에이미의 두 딸은 친구 집에서 자도 안 되고 몇 시간씩 피아노와 바이올린을 연습해야 하며, 놀고 싶어도 마음대로 놀 수 없다. 서양의 양육방식은 패자를, 동양의 양육방식은 승자를 배출한다고 에이미는 주장한다. 혹독함을 일찍 맛보는 자만이 끝까지 버틸 수 있다는 것이다.

아이의 재능이 시들어버리는 것을 막으려면

독일에서는 그 책이 『성공한 엄마』라는 제목으로 출간되었고, 그 투쟁적 메시지는 전국을 강타했다. 도시마다 최대한 일찍 최상의 교육을 받기 위한 경쟁이 치열해졌다. 가장 최근에 유행하고 있는 것은 아이가 말을 하기 전에 동작 언어를 먼저 가르쳐 주는 프로그램이다. 아기가 기호와 신호로 자신의 의사를 표현하면서 엄마 아빠와 소통할 수 있다는 것이다. 부모는 자기 아이가 될 수 있으면 유리한 위치에서 출발하기를 바란다. 취학 전부터 최고의 유치원이나 실력 좋은 교사를 만나기라도 하면 그야말로 난리법석이 난다. 그다음에는 2개국어로 수업하는 학교에 가거나 아비투어까지 속성으로 학업을 마칠 수 있다면 더 바랄 것이 없다.

20년 전에 이미 경제부 장관들은 문화부 장관들에게 아이들이 학교에 다니는 기간을 1년 단축하라고 권고했다. 학교에 다니는 기간이 짧아질수록 더 일찍 노동시장에 나갈 준비를 할 수 있고, 그만큼 세금도 더 많이 절감할 수 있다는 것이다. 전문가들의 계산으로는, 김나지움 학생 한 명에게 들어가는 세금이 1년에 5,000유로 정도 된다고 한다. 그러므로 한 학급이 30명이라고 할 때, 학업을 1년 단축하면 한 학급당 15만 유로를 아끼게 된다고 볼 수 있다. 그러려면 1주에 39~40시간씩 지식을 더 빨리 주입해야 한다.

배움에 대한 우리의 생각은 특히 학교의 영향을 받는다. 우리에게 결과물을 내놓으라고 요구하는 교사들의 영향이 가장 크며, 우리의 이해 여부는 중요하지 않다. 우리에게 요구하는 것은 개인이 가진 학습 속도와 특성을 진지하게 받아들이지 않는 것이다. 우리는 그저 다른 사람들의 지시에 따르기만 하면 된다. 우리가 하는 실수는 정답을 알 때까지 계속 사고하도록 하는 것이 아니라, 다른 사람들이 기다려 주지 않기 때문에 절망적으로 뒤처지는 결과로 이어진다. 그러면서 배우고자 하는 의욕을 잃게 된다. 공부를 하라고 강요하는 것은 결국 모두가 가지고 태어나는 천부적인 의욕을 잃는 결과를 낳는다.

우리는 새로운 지식을 습득하는 것에서 어떤 의미를 찾을 수 있어야만 학습한다. '어느 항구를 향해 가고 있는지 모르는 자에게는 어떤 바람도 무용지물'이라고 2,000년 전 세네카가 말한 바 있다. 우리는 학교를 위해서가 아니라 인생을 위해서 배운다. 그러나 '아하!' 하고 이해하는 체험이나 세상 일부분을 이해했다는 경이로운 느낌은 사라진 지 오래다.

매년 사교육에 많은 돈이 사용되고 있다. 김나지움 학생들 가운데 4분의 1이 두통에 시달리고 있으며, 학교에 갈 때 복통을 호소하는 아이들도 많다. 성인만 앓던 질환이 소아도 걸리는 질환으로 바뀌어 버린 지 이미 오래다. 2000~2008년까지 조사해 본 결과, 정신 질환 때문에 병원에서 치료를 받은 아동의 수가 성인보다 두 배 가까이 증가한 것으로 나타났다. 예전 부모는 집중력을 높이기 위해 아이에게 포도당을 줬지만, 요즘은 두뇌 회전에 좋다는 약을 먹이고 있다.

● 아이의 근원적인 믿음을 망가트리지 말자

모든 아이가 자신이 신뢰받고 있음을 경험할 수 있다면, 자신이 사랑받을 가치가 없다는 느낌을 갖는 아이는 한 명도 없을 것이다. 자기 자신에 대한 타고난 믿음을 잃어버리는 일도 없을뿐더러 부모가 늘 옆에 있어서 언제든 도움의 손길이 필요할 때 자신을 도와줄 거라는 확신을 잃는 일도 없을 것이다. 자기 자신과 다른 사람들의 신뢰를 의심해야 할 이유가 없을 테니까 말이다.

어느 아이나 가지고 태어나는 믿음은 연약한 식물과도 같다. 잘 돌보면 무럭무럭 자라고 강해질 수 있지만, 아무도 돌보지 않으면 금방 시들어버린다. 나이가 많이 들 때까지도 믿음은 불안과 두려움을 다스리는 데 있어 가장 중요한 자원이 된다. 한편, 믿음은 다양한 방식으로 생겨난다. 맨 먼저 자신의 능력에 대한 믿음이 생기려면, 어린이나 청소년은 물론이고 어른도 혼자 힘으로 도전에 대응하고 문제를 해결하며, 어려운 상황에서 빠져나갈 출구를 찾을 기회를 충분히 얻어야 한다.

또한, 힘든 상황을 같이 이겨나갈 수 있게 도와주는 어떤 사람을 발견했을 때 믿음이 생기기도 한다. 그리고 모든 일이 잘될 거라는 세 번째 형태의 믿음이 생길만한 기회를 누구나 가지는 것이 좋다. 그런 경험을 처음부터 하지 못해서 굳은 확신으로 전뇌에 고정되지 못할 때, 아이는 난관과 두려움에 속수무책인 상태가 된다.

그러므로 아이의 근원적 믿음을 망가뜨리고 불안하게 만드는 것은 아이에게 저지를 수 있는 가장 나쁜 짓이다. 불안은 아이나 어른이나 지금까지 성공적으로 썼던 방어기제로 되돌아가게 한다. 심리학에서는 이것을 퇴행regression이라고 부른다. 불안은 사람을 병들게 할 뿐 아니라, 모든 발전을 방해하기도 한다. 세계보건기구의 전문가들은 앞으로 몇 년 사이에 불안으로 말미암은 질환이 급증할 것으로 내다보고 있다. 우리는 이와 같은 추이에 얼마든지 제동을 걸 수 있고, 또 아이를 충분히 보호할 수 있다. 아이에게 자기 자신과 세상에 대한 믿음을 빼앗기는 일이 일어나지 않도록 우리가 노력한다면 말이다.

고집이 꺾이면
자의식이 약한
수동적 인간으로
자   란   다

● **우리에게 필요한 건 아이들의 복종이 아니다**

어른이 지금은 이런 게 중요하고 다음은 또 저런 게 중요하다고 잔소리하면, 아이는 온 힘을 다하려는 의지도 보이지 않고 진지하게 노력하지도 않는다. 그럼에도 최대한 일찍, 그리고 될 수 있는 대로 빨리 아이는 부모가 정해주는 대로 공부를 시작해야 한다. 어린이집이나 유치원, 학교를 선택하는 것도 결코 쉬운 일이 아니다. 그런가 하면 0~10세 어린이를 위한 국가적 차원의 교육 계획안도 마련되어 있다. 아이가 세상에 태어나기도 전에 그 아이가 몇 살에 무엇을 해야 하는지 이미 정해져 있는 셈이다. 이는 아이로 하여금 자신의 타고난 재능을 제대로 활용하고 위기를 슬기롭게 이겨내며, 정신적 쇼크가 생길만한 사건을 빨리 극복하고 스트레스를 잘 다스리도록 하기 위함이라는 것이 독일의 교육정책 담당자들이 밝히는 취지다. 독일의 부모들은 적게는 16쪽에서 많게는 480쪽에 이르는 분량으로 연방 주마다 마련해 놓은 '아이를 위한 최상의 학습지침서'를 인터넷에서 내려받을 수 있다.

아이에게 바라는 부모의 위시리스트 또한 끝도 없이 길다. 예를 들어, 젊은 부모들은 대부분 아이가 빨리 잠들기를 바란다. 아이가 정말로 졸려 하는지, 아니면 발견할 것이 너무나 많아서 들떠 있거나 호기심을 보이든 말든 개의치 않는다. 눈을 뜨고 낮에 있었던 일을 생각해 볼 시간이 잠시 더 필요할지도 모르는데 말이다. 자녀 양육서를 보면 아이를 제시간에 자도록 가르쳐야 한다는 것만큼 많은 지면을 차지하는 주제를 찾아보기 어렵다. '얼마 동안 아이가 울도록 놔둬도 되는가? 언제 아이를 안아줘야 하는가?' 등등.

이런 책이 들려주는 조언의 메시지는 이렇다. 아이를 버릇없게 키우지 마라, 아이에게 휘둘리지 마라, 당신 의지대로 밀고 나가라, 자제심을 가르쳐라, 빨리 배울수록 좋은 것이 바로 자제심이다. 아이가 커서 자신의 삶을 스스로 다스릴 만큼 충분히 강해지려면 아이를 버릇없게 키워서는 안 된다고 말한다. 하지만 엄격한 규율이나 상벌로 가르칠 수 있는 것은 자제심이 아니라 복종뿐임을 우리 모두 알아야 한다. 그리고 아이에게 필요한 건 복종이 아니다.

• 고집은 아이의 생각과 느낌, 행동의 독자성일 뿐

아무도 정답을 모르는 문제로 고심하는 부모가 있다. 아이는 부모를 얼마나 많이 필요로 하는가? 잠은 얼마나 자야 하나? 아이가 지나치게 활달할 때는 어떻게 해야 하나? 고집이 너무 센 아이는 어떻게 다뤄야 하나? 아이를 키우는 것이 너무 지치고 짐스럽다면? 우리는 고집 있는 아이를 원하면서도 막상 아이가 고집을 부리면 참지 못할 때가 많다.

하지만 아이의 고집은 자신이 여태껏 얻은 생각과 느낌 그리고 행동의 독자성을 표현하는 수단이다. 아이는 적응하는 법도 배워야

189

아이의 재능이 시들어버리는 것을 막으려면

하고 다른 사람들과 함께 살아가는 데 필요한 규칙을 지키는 법도 배워야 한다. 그렇다고 해서 아이가 자신의 자립 충동이나 생각과 의지를 억누르는 일이 있어서는 안 된다. 항상 자신을 타인의 뜻에 맞추는 것이 최선이라는 것만 경험한 아이가 어떻게 스스로 결정하며 자의식이 강한 사람으로 커갈 수 있겠는가? 다른 사람들이 생각하는 대로만 말하고 다른 사람들이 옳다고 여기는 대로만 행동하는 것이 최선이라고 배운다면 어떻게 되겠는가? 집에서 부모를 위해서 아이가 그렇게 한다면 오히려 착한 아이라고 칭찬받을지도 모른다. 하지만 유치원이나 학교에 들어가면 문제가 된다. 남들이 하라는 대로만 하는 아이는 줏대 없고 따분한 사람이 되기 때문이다.

집에서 자기 생각을 말할 엄두조차 내지 못하고 엄마나 아빠가 옳다고 생각하는 대로만 행동하는 아이는 자기 부모를 잃을까 봐 두려워한다. 그 아이에게는 자신이 있는 그대로 받아들여지고 사랑받는다는 믿음이 부족하다. 부모를 잃지 않기 위해 자신의 의지와 생각을 억누르다 보면, 아이는 나중에 유치원이나 학교에 들어가서도 남의 생각이나 평가에 얽매이게 된다.

헤르만 헤세는 이렇게 말하고 있다.

"고집이란 대체 무엇인가? 그것은 자기 나름의 의지를 지니는 것이다. 이 땅에 있는 모든 것은 자기 나름의 의지가 있다. 하물며 식물조차도 자기 나름의 의지대로 자라고 살며 행동하고 느낀다. 다만 이 지구 상에는 불쌍하고 저주받은 두 존재가 있다. 이 두 존재에게는 자신의 타고난 의지가 명령하는 대로 살고 죽는 것이 허락되지 않는다. 유일하게 인간과 인간에게 길든 가축만은 삶과 성장의 목소리를 따르는 것이 아니라 인간이 만들어놓고는 어기거나 바꾸기를 밥 먹듯 하는 어떤 규칙에 따르게 되어 있다."

모든 부모가 자기 아이에게 그 무엇보다 소중하다는 느낌을 전할 수 있는 건 아니다. 자녀에게 신경을 많이 쓰고 싶어도 그럴 시간이 부족한 부모도 있다. 자신도 시간에 쫓기고 있는 터라 그런 부모는 자녀가 자기 말대로 하기를 바란다. 그럴 때 강한 아이들은 반항하거나 고집을 부리면서 거부 반응을 보인다. 이때 부모는 아이의 그 같은 반응에 어쩔 줄 몰라 하면서도, 더 많은 압력을 가하면서 자신의 생각을 관철하려 한다. 그러다 보면 아이는 자기 뜻을 더는 표현하지 않게 된다. 또한, 좌절에 빠진 아이는 약자를 괴롭히는 등 다른 방법으로 자신의 좌절감에서 벗어나려 한다.

아이의 재능이 시들어버리는 것을 막으려면

• 자신이 사랑받는 아이임을 경험한다면

자신이 이 세상에 단 하나뿐이며 있는 그대로 사랑받고 있음을 모든 아이가 경험할 수 있다면, 어린 시절이 누가 최고인지 겨루는 경쟁의 장이 되지는 않으리라. 그럴 수만 있다면 모든 아이가 스스로 만족하면서 기쁜 마음으로 자신의 능력을 계속 키워나갈 것이다. 그리고 자신의 모든 가능성을 가지고 능력을 조금씩 더 잘 펼칠 수 있음에 기뻐할 것이다.

우리 기억 속에 남는 고집쟁이들은 늘 있기 마련이다. 자신만의 생각이 있는 사람들, 자신만의 질서를 가진 사람들, 자신이 옳다 그르다 생각하는 것을 행동의 기준으로 삼는 사람들, 그리고 어려서부터 이런 고집을 꺾지 않았던 사람들 말이다. 이 고집쟁이들은 우리가 자신의 의지를 지켜 나간다면 어떤 능력을 갖게 될지 어렴풋이 볼 수 있는 거울이 될 것이다.

공감 충동이
억눌리면
억압자와 자신을
동일시한다

● **최고만 있는 세상, 자기만 생각하는 세상**

기술의 발달과 디지털 혁명, 사회적 변화 때문에 당황스럽고 어리둥절한 상황에 부닥치는 사람들이 점점 많아지고 있다. 직장인 10명 중 7명은 자기 직업에 만족감을 느끼지 못하고 있다. 사회학자들은 무엇보다도 나르시시즘이 사회적 현상으로 발전했다고 본다. 자기중심적인 경향이 갈수록 심화하고 있다는 것이다. 자기도취에 빠진 정치인이나 자기 주머니만 채우기 바쁜 은행가는 이제

아이의 재능이 시들어버리는 것을 막으려면

새삼스러울 것도 없다. 게다가 대중매체는 쉬지 않고 최고만 외친다. 최고의 가수, 최고의 댄서, 최고의 인재를 말이다. '거울아, 거울아, 이 세상에서 누가 최고니?' 매사가 늘 그런 식이다.

우리는 그런 모습들을 안 보려고 해도 안 볼 수가 없다. 어디를 가서 어디에 서 있든, 시선을 잡아끄는 장치들이 즐비하다. 그래서 어떤 제품을 광고하거나 뉴스를 전하는 그 장치들을 쳐다볼 수밖에 없다. 광고가 없는 공간은 더 이상 찾아보기 어렵다. 도로 위나 기차역, 공항 대기실 혹은 슈퍼마켓 계산대 등 가는 곳마다 이미지가 우리를 따라다닌다. 또한, 그 이미지를 파악할 시간도 없이 바로 옆에 또 새로운 이미지가 우리를 기다리고 있다. 이미지의 홍수 속에서 사는 현대인들은 이제 이렇게 넘쳐나는 이미지들을 밀어내는 수밖에 달리 방법이 없다.

요즘 세대는 30년 전보다 3배나 더 많은 정보를 처리해야 한다. 따라서 더는 모든 것에 신경쓸 수도 없고 관심을 둘 수도 없는 처지다. 더구나 그 많은 정보 가운데 시급을 다투는 것과 불가피한 것을 구별하기가 갈수록 더 어려워지고 있다. 종일 온갖 정보들이

물밀듯 쏟아져 들어오다 보니 결국 이를 감당하지 못한 우리는 스스로 문을 닫고 만다.

더불어 우리의 공감 능력도 예전보다 급격하게 저하되었다. 미국 미시간대학의 심리학과 교수들이 1979년부터 2009년까지 조사하여 과학적으로 입증한 바로는, 다른 사람을 이해하고 도와줄 용의가 절반으로 줄어든 반면, 자기 생각대로 행동하려는 의지는 그만큼 늘었다고 한다.

이를 두고 심리학자들은 이미지의 홍수 탓에 공감 능력이 부족해진 것이라고 설명한다. 즉, 너무 많은 것을 보기 때문이라는 것이다. 들어오지 말아야 할 것까지 포함하여 너무 많은 것이 머릿속으로 들어와서 그 많은 것들을 분류할 시간이 턱없이 부족하다. 그러다 보니 자신과 관련된 것에만 집중할 시간조차도 없다. 상황이 이러하다 보니 타인을 신경 쓸 여유는 더더욱 없다. 그러나 공감하는 데에는 노력과 시간이 필요하다. 때문에 우리는 날마다 공감 충동을 억누르기에만 급급하다.

우리는 어디를 가나 다른 사람들의 불행을 접하게 된다. 휠체어에 앉아 있는 장애인이나 앞을 못 보는 사람 등 세상에는 불행한 사람 천지다. 또 TV에서는 매일같이 우리 마음을 아프게 하는 뉴스가 넘쳐난다. 굶주리는 아프리카 사람들, 카리브 해의 허리케인, 방사능 재해, 묻지 마 살인, 자동차 사고 등등. 이런 뉴스를 대하자마자 우리는 재빨리 채널을 돌려버린다. 우리 자신이 얼마나 여린지 자각하기 전에 말이다. 그런 기억은 될 수 있는 한 떠올리고 싶지 않은 것이다. 공감하는 것이 부담스럽고 고통스러울 수 있기 때문에 우리는 공감하는 습관을 버리기 위한 전략을 세운다.

● 아이들의 생존 전략

우리는 학교나 사회에서 강자가 늘 게임 규칙을 정하는 것을 체험하고 있다. 그런가 하면 TV는 인생이 어때야 하는가에 대한 우리의 인식을 좌우한다. 우리는 어제보다 조금이라도 더 나아지고 예뻐져야 하며, 더 날씬해지고 행복해지는 동시에 완벽해져야 한다. 스타발굴 프로그램에서는 다른 사람들과 좋은 관계를 형성해서 잘 유지하는 것이 중요하지 않다. 그런 자리에서는 다른 사람들을 하찮게 여기고 적수를 제압하며, 자기 자신을 가장 중심에 세워야 한다.

하지만 아이들이야말로 공감에 관한 한 진정한 대가大家다. 아이들은 상대방의 기분이 어떤지 잘 감지한다. 그리고 마음의 동요에 대한 섬세한 육감을 가지고 있을 뿐 아니라 관찰력도 뛰어나다. 그래서 무엇이 상대방의 마음을 움직이는지, 상대방이 어떻게 느끼며 무슨 일이 있는지 재빠르게 감을 잡는다. 또 아이들은 엄마나 아빠에게 중요한 게 무엇인지 정확하게 알아차린다. 엄마 아빠가 무엇을 좋아하고 무엇을 걱정하며, 무엇이 부모를 행복하고 만족스럽게 만드는지 잘 알고 있다. 어린아이는 아직 말을 못 하므로 말 뒤에 감춰진 것에 특히 주의를 기울인다. 이처럼 아이들은 부모가 가능하다고 여기는 수준 이상으로 감지한다. 부모가 감추려 하는 것이나 부모 자신도 의식하지 못하는 것까지도 정확하게 알아차리는 때가 많다.

이와 같은 관점에서 볼 때 몇 년 전에 행해진 실험은 주목할 만하다. 이 실험은 생후 6개월 된 아기들에게 세 편의 짤막한 애니메이션 시퀀스를 보여 주는 것이었다. 제일 먼저 아기들에게 보여 준 것은 노란색 난쟁이가 가파른 산을 오르려고 애쓰는 장면이었다. 헉헉거리며 산을 기어오르는 모습이 꽤 힘들어 보였다. 이어서 같

아이의 재능이 시들어버리는 것을 막으려면

은 장면을 한 번 더 보여 줬는데, 이번에는 초록색 동물캐릭터가 나타나 난쟁이를 밑에서 밀어 올리는 모습이 덧붙여졌다. 그렇게 해서 난쟁이는 더 쉽게 산을 오를 수 있었다. 세 번째 시퀀스에서는 노란색 난쟁이가 또다시 힘겹게 산을 오르고 있었다. 그때 갑자기 위쪽에 파란색 동물캐릭터가 등장하더니 힘겹게 산을 오르는 난쟁이를 밑으로 밀어버렸다. 이 세 편을 다 보여 준 후 초록색 캐릭터와 파란색 캐릭터를 아기들 앞에 나란히 세워놓았다. 연구팀은 아기들이 어느 색 캐릭터를 잡을지 궁금해했다. 그런데 아기들은 모두 '조력자'인 초록색 캐릭터를 선택했다. 남을 돕는 역할을 했던 초록색 동물캐릭터가 아기들에게 깊은 감명을 준 것이다.

6개월 후에 이 실험을 똑같이 되풀이했다. 이제 첫돌이 된 아기들은 6개월 동안 세상을 더 탐색할 시간을 가졌다. 경험을 쌓고 부모와 다른 사람들이 어떻게 반응하는지 지켜볼 수 있는 시간이 흘렀다. 이번에는 10퍼센트의 아이들이 '조력자' 대신 '억압자'인 파란색 캐릭터를 선택했다. 6개월 사이에 이 아이들에게 어떤 변화가 일어났고, 그동안 어떤 경험을 했기에 자신을 '억압자'와 동일시하게 되었는지는 더 자세히 연구된 바가 없다.

보살핌과 보호 그리고 도움을 받지 않으면 생후 6개월이 될 때까지 살아남을 수 있는 아이는 없다. 이것은 어느 아이나 하게 되는 첫 경험인 셈이다. 이어서 아이는 자신의 주변 세계에서 어떤 일이 일어나고 부모와 형제자매가 어떤 관계로 지내며 또 자기를 어떻게 대하는지, 그리고 가족 중에 남을 희생시켜서라도 자기 뜻대로 하는 사람은 없는지 차츰 인지한다. 어린아이도 성공적인 생존 전략이 어떤 것인지 볼 줄 안다. 아이가 자기 관점에서 볼 때 특히 성공을 거둔 것 같은 사람들과 자신을 동일시하고 그들의 전략을 답습하는 것은 너무나 당연한 일일지도 모른다.

아이가 중요한 롤모델을 보고 받아들이는 것이 동작이나 행동 패턴뿐이라면 크게 우려할 건 없다. 밥을 먹는 모습이 좀 남다르다고 무슨 문제가 되겠는가? 보통 사람과 좀 다르게 걷거나 다르게 춤출 수도 있고 다른 동작으로 인사할 수도 있으며, 삶은 고구마를 다른 방식으로 먹을 수도 있는 일이다.

● 경험과 더불어 변화하는 아이들의 공감 능력

하지만 아이들은 그렇게 단순한 동작이나 행동 패턴만 롤모델을 보고 배우는 것이 아니라, 마음가짐과 사고방식도 고스란히 받아들인다. 예컨대 존경하는 대상인 롤모델이 얼마든지 남을 평가절하하고 모욕해도 괜찮다고 말이나 행동으로 표현하면, 아이들은 그 말이나 행동을 열심히 받아들여서 자기 것으로 만든다.

처음부터 남을 경멸하거나 압박하는 자 또는 착취자로 태어나는 사람은 아무도 없다. 날 때부터 악하고 폭력적인 사람도 없다. 그렇게 되려면 이미 그렇게 된 사람들이 본보기로서 주변에 있어야 한다.

우리 모두가 풍부하게 가지고 태어나는 공감 능력도 살면서 하는 경험과 더불어 변해간다. 자녀가 네댓 살쯤 되면, 누구에게 자신의 공감을 보내야 할지 정확하게 판단하는 법을 가르쳐야 한다고 생각하는 부모들이 많다. 그렇다면 누가 공감을 받을 자격이 있을지 생각해 봐야 한다. 모두? 아니면 가까운 친구들만? 아이가 울고 있는 친구에게 자발적으로 자기 장난감을 주려고 할 때, 부모가 아이의 손에서 장난감을 빼앗는 광경을 누구나 한 번쯤은 보았을 것이다. 이는 남을 도우려는 아이의 자발적인 감정이 금지당하는 장면이다. 아이들은 자라면서 누구에게나 똑같이 도움의 손길을 건넬 수 없다는 것을 차츰 깨닫게 된다.

연구 결과, 만 7세나 8세 아이들 4명 중 3명은 자기가 아는 사람한테만 공감하는 것으로 나타났다. 아이들이 오가다 우연히 만나는 낯선 사람한테 공감하는 경우는 드물다. 그러면서 불신이 무엇을 의미하는지 배우게 된다.

남을 존중하는 인간적인 공동체에서 성장할 기회가 모든 아이에게 주어진다면, 다른 사람들의 감정을 공유하는 타고난 능력을 억누르도록 강요당하는 아이는 단 한 명도 없으리라. 공감은 숨 쉬는 능력처럼 우리가 천부적으로 타고나는 것이다.

외로움과 소외감을 느끼는 사람들이 점점 많아지는 사회일수록 아이들로 하여금 어려서부터 공감 능력을 잃어버리게 해서는 안 된다. 우리 인간은 서로 필요한 존재이기 때문이다.

5

풍요로운 삶을위해
우리 아이에게
꼭 필요한 것

지금 왜 이 책을 읽어야 하나? | 당신에게는 자신과 아이를 바꿀 능력이 있다 | 모든 아이가 재능의 꽃을 활짝 피우도록

지 금   왜
이   책 을
읽 어 야   하 나

    능력을 배우는 것은 자연의 법칙과도 같다. 하지만 무엇을 배우든 반드시 경험할 시간이 주어져야 한다는 전제가 따른다. 다시 말해 각자 나름의 속도로 순서에 따라 대상을 이해할 시간이 필요한 것이다. 자유자재로 기어 다닐 수 있어야 그다음에 걸음마를 시작할 수 있고, 또 누군가 무슨 말을 할 때 알아들을 수 있는 단계가 되어야 비로소 말을 할 수 있는 법이다.

    아이들은 놀면서 세상을 발견한다. 그리고 아무리 어려운 일일지라도 될 때까지 계속 시도한다. 실패도 연습하고 성공도 연습

풍요로운 삶을 위해 우리 아이에게 꼭 필요한 것

하는 셈이다. 그러면서 자신이 예상했던 것보다 더 많은 것을 할 수 있음을 경험하게 된다. 아이들은 무엇이든 저절로 할 줄 아는 것처럼 보일 정도로 자연스럽게 배워나간다. 아이들한테는 삶이 얼마나 쉬운지 정말 놀라울 정도다.

그러다 부모가 아이더러 더 많이 노력하라든가 더 빨리 배우라고 강요하기 시작하면 사정은 달라진다. 아이로서는 안간힘을 다해 노력하는 건데, 그 정도로는 만족스럽지 않은 듯 보인다.

"뭐가 네게 좋은지 내가 더 잘 아니까 내 말대로 해!"

아이가 집에서 부모로부터 심심치 않게 듣는 말이다. 그런데 아이더러 따르라고 하는 것은 남의 경험이요, 남의 바람일 뿐이다. 그러나 이로써 우리 아이들은 본인의 체험을 평가 절하하는 것과 더불어 그에 따른 새로운 적응 과정이 시작된다. 그리고 마냥 쉬웠던 삶이 갑자기 어려워진다. 또 자연스러운 일 마냥 저절로 되는 것도 이제는 별로 없다.

정말이지 어처구니없는 상황이 아닐 수 없다. 출생과 더불어 아이들은 더는 좋을 수 없을 만큼 순조로운 출발을 보인다. 비범한 능력과 불굴의 의지 그리고 무한한 열의를 가지고 있다. 그런가 하면 어른들보다 집중을 더 잘할 뿐 아니라 상상력도 더 풍부하고 관찰력도 뛰어나다. 또 아이들은 망설임이 없어서 자기가 생각하는 대로 말하고 자기가 느끼는 대로 행동한다. 이에 비해 어른들은 늙어도 한참 늙어 보인다. 그런데 어째서 우리는 아이들을 우리처럼 되게 만들려고 안간힘을 쓰고 있을까? 아이들이 우리 앞에 대 주는 거울을 들여다보기가 두려워서일까?

오늘날의 세상은 무한한 가능성을 제공한다. 불가능한 일이 거의 없는 것처럼 보인다. 우리가 단지 꿈만 꾸었을 법한 일들이 준비되어 있고, 만들고자 하는 것은 무엇이든 다 만들 수 있다.

그러나 다른 한편으로는 여전히 제한적으로만 그와 같은 혜택을 누릴 수 있는 아이들이 많은 것도 사실이다. 가난한 집에서 태어나는 아이들만 그런 것이 아니다. 아이들이 놀 만한 공간이 갈수록 줄어들다 못해 두 발을 딛고 설 자리를 찾는 것조차 점점 힘들어지고 있다.

기술의 발달로 사람들은 이제 크게 힘을 들이지 않고도 자신만의 경험을 축적할 수 있게 되었다. 무엇이든 이용 가능하며, 모든 것이 종류별로 나뉘어 포장되어 있다. 텔레비전이 발명되기 전까지

풍요로운 삶을 위해 우리 아이에게 꼭 필요한 것

는 집 밖으로 나가야만 뭔가를 체험할 수 있었다. 하지만 이제는 컴퓨터 덕분에 방에서 나올 필요조차 없어졌다. 이와 더불어 우리는 아주 서서히 그것이 우리 자신과 아이들에게 어떤 결과를 가져다줄지 깨닫기 시작했다.

• 내 아이의 재능을 펼치는 마법의 주문

우리가 할 수 있는 일은 무엇인가? 우리가 사는 세상과 더불어 아이들이 사는 세상은 갈수록 복잡해지고 있다. 그런데 학교는 여전히 지금까지 해오던 대로 계속하려고 필사적으로 애쓰고 있다. 주입식으로 전달된 지식이나 학교 공부로 얻어진 경험만 가지고는 아이들이 미래의 도전에 더는 대비하지 못한다. 이 미래의 도전 과제를 해결하기 위해 아이들에게 그 무엇보다도 필요한 것들, 즉 확신과 창의성, 용기와 고집, 자기 책임과 협동 정신 같은 것들은 최고의 성적을 올리기 위한 경쟁이나 학교의 공동생활에서 점차 설자리를 잃고 있다.

학교의 법적 임무는 공유 능력과 조형 능력을 최대한 많이 갖춘 성숙한 시민으로 아이들을 교육하는 것이다. 그러려면 학교에서 실제로 학생들이 환영받아야 하며, 자신의 재능을 펼치고 특성을 개발하도록 격려와 영감을 얻어야 한다.

하지만 학교는 예나 지금이나 지식과 능력을 전달하는 것과 과거의 선발 기준을 우선시하고 있다. 억지로 강요하거나 명령한다고 해서 공부에 대한 의욕이 생기지는 않는다. 의욕은 불러일으켜 주어야 생기는 것이다. 나이가 몇이든 또 부정적인 경험을 얼마나 많이 했든 상관없이 모든 사람에게 의욕을 불러일으키는 마법의 주문은 아주 간단하다. 그것은 바로 다음과 같은 격려의 말이다.

"넌 뭔가 할 수 있는 것이 있고 우리는 있는 그대로의 너를 좋아해. 네 특별한 능력과 재능을 가지고 넌 다른 사람들과 함께 혼자선 할 수 없는 일을 해낼 수 있어!"

신뢰와 격려 그리고 가치에 대한 인정은 재능을 마음껏 펼칠 수 있는 공부 문화의 중심 요소들이다. 재능을 펼치기 위해 학생들에게 필요한 것은 대화 상대와 격려를 아끼지 않는 조력자, 자극을 주는 동반자다. 그뿐만 아니라 학생들이 두려움이나 무관심이 아니라 재미와 기쁨을 느끼면서 공부할 수 있는 학교가 필요하다.

풍요로운 삶을 위해 우리 아이에게 꼭 필요한 것

독일에는 이 같은 전환 과정을 성공적으로 거친 학교가 여러 곳 있다. 그러므로 모든 학교가 함께 배우고 발견하며 조형하는 장소로 바뀌는 것은 얼마든지 가능한 일이다.

그러나 우리가 필요로 하는 것은 단순한 개혁이나 프로젝트가 아니라 공부 및 관계 문화의 근본적인 변화다. 집집이 또 학교마다 우리 후손의 미래를 걱정하는 시민이라면 누구나 동참해야 한다. 스웨덴의 여류 교육사상가 엘렌 케이Ellen Key는 1900년에 이미 자신의 저서 『아동의 세기』에서 분명하게 밝힌 바 있다.

"시대가 개성을 부른다. 그러나 우리가 아이들을 인격체로 살게 하고 배우게 하며, 자기 뜻과 자기 생각을 갖고 자신이 아는 것을 파악하고 스스로 평가하는 것을 아이들에게 허락하기 전까지는 아무리 개성을 외쳐봤자 헛일이다. 한마디로 학교에서 개성의 싹을 잘라버리는 것을 중단하지 않는 이상 가망이 없다는 말이다."

이제 새로운 교육의 세기를 열어갈 때가 되었다.

당신에게는
자신과 아이를
바꿀 능력이
있   다

우리가 이 책을 쓰게 된 것은 우리 모두 뭔가를 바꿀 능력이 있음을 확신하고 있기 때문이다. 누구나 마음만 먹으면 자기 자신과 다른 사람들을 얼마든지 바꿀 수 있다. 뇌 연구가와 리포터인 우리 두 사람은 인상적인 프로젝트를 통해 처음 만나게 되었다. 그 프로젝트는 11명의 소년을 두 달 동안 산에서 지내게 하는 것이었다. 그런 모험을 늘 꿈꾸어 왔던 게랄트 휘터는 아이들을 산속에서 지내게 한다는 아이디어로 상당히 많은 사람을 자극했다. 이 아이들 중에는 의사로부터 이른바 주의력결핍 및 과다행동증후군ADHD이라

풍요로운 삶을 위해 우리 아이에게 꼭 필요한 것

고 진단받은 소년들도 끼어있었기 때문이다. 이 증후군만큼 의견이 분분한 것도 찾아보기 어려울 것이다. 의사와 학자들은 종교전쟁을 방불케 하는 격렬한 논쟁을 벌이고 있다. 페스트가 중세의 질병이었다면 이 행동 장애는 디지털 시대의 페스트라고 주장하는 이들도 있다. 이 증후군에 걸린 소아청소년은 수십만 명에 이르고, 이 가운데 남아가 여아보다 4배 더 많으며, 시골보다 도시 아이들이 훨씬 더 많다. 자극을 받아 들뜬 그 아이들의 기분은 보통 약물로 가라앉힌다. 리탈린이라는 제품명으로 더 많이 알려진 이 약물은 내부 자극의 강화를 담당하는 뇌 영역을 억제한다. 이 약이 아이들을 진정시키고 부모들을 안심시키는 것이다. 적어도 초등학교 시기까지는 그런 식으로 버틸 수 있다.

이 증후군에 걸린 아이들은 자극에 더 강하게 반응하며 예민하고 감성적이다. 교사들은 그 아이들이 눈에 띄게 행동하고 통제하기가 어렵다고 이야기한다. 학자들은 수년 전부터 어떤 경우에 결함이 있다고 말할 수 있으며 어떤 치료가 도움이 되는지, 어떤 요인으로 장애가 발생하는지 논쟁을 거듭해오고 있다. 의사들은 유전적인 결함, 즉 물질대사의 선천적 장애 때문에 자기조정 능력이 저하되는 것으로 추측하고 있다. 한편, 발달심리학자들은 날로 더해 가

는 자극의 홍수와 아이를 아이답게 키우는 능력 부족으로 ADHD
의 원인을 설명하고 있다. 오로지 성공과 효율성만 따지는 불안한
사회에서 점점 늘어만 가는 정보와 기대로 말미암은 부담감이 가중
되어서 그런 현상이 생긴다는 것이다.

그래서 전혀 새로운 경험을 할 때 아이들에게 어떤 일이 일어
나는지 한 번쯤 살펴볼 만한 가치가 있겠다는 생각이 들었다. 일상
의 대리만족 수단이 완전히 차단된 생활을 한다면 과연 어떨까? 아
이들은 컴퓨터나 게임기는 물론이고 텔레비전조차도 볼 수 없었
다. 뭘 해야 할지 모를 때 누를 수 있는 버튼이 아무 데도 없는 셈
이었다. 난로가 있고 외양간 뒤쪽에 구덩이를 파서 만든 뒷간이 있
는 산속 오두막에서 아이들은 자기 자신과 공동체 생활에 적응해
야 했다.

그곳에서 소년들은 자신에 대해 이야기했다. 사람들이 열 살
이나 된 자신을 보고 아직 라이터를 다루지 못할 거로 생각한다든
가, 학교에서 툭하면 문밖으로 나가 있게 한다든가, 그런 이야기였
다. 가령 그곳에 와서 처음에 집이 그리워서 많이 울었던 아드리안
(10세)은 약이 자신을 우울하고 말이 없게 만든다고 했다. 아드리안

의 부모는 아이가 의사한테 가지 않으려고 한다며 그곳으로 보내왔다. 심리상담사나 정신과 의사한테 가서 신진대사 검사나 지능검사 따위를 받기가 싫었던 것이다. 아드리안은 만 7세에 이미 500조각으로 이루어진 퍼즐을 맞출 수 있었던 아이지만, 수업을 방해하곤 했다. 읽기 책을 가방에 두고 왔다면서 벌떡 일어나 밖으로 나가는 등 제자리에 가만히 있지 못했고, 그런 아드리안 때문에 담임교사는 수업하기가 어려웠다. 한편, 9세인 파스칼은 8세 때부터 약을 먹고 있었다. 학교에 가기 전에 한 알, 그리고 방과 후에 반 알을 먹어야 했다. 맥도날드에서 아르바이트하기 위해 새벽 5시에 일어나 나가는 파스칼의 엄마는 휴대폰으로 전화해서 자고 있는 아들을 깨웠다. 파스칼은 아빠가 누군지도 모르기 때문에 혼자 약을 먹어야 했던 것이다. 자기 때문에 엄마 아빠가 헤어진 거라고 아이는 말했다.

플로리안(12세)은 처음 진료를 받자마자 의사한테서 이런 이야기를 들었다.

"플로리안은 검사를 받는 내내 손발을 계속 떨어대는가 하면 싫다고 거부할 때가 많았습니다. 이런 행동만으로도 ADHD라고 진단을 내릴 수 있습니다."

부모는 자기 아들을 '열의가 넘치고 창의력이 풍부한 아이'로 평가하고 있었다. 하지만 플로리안은 학교에서 잘 적응하지 못했다. 수업 시간에 하면 안 될 행동과 교실 안을 뛰어다니는 것, 그리고 수업에 무관심한 플로리안의 태도가 교사의 신경을 건드렸기 때문이다. 리탈린을 복용하고 나서 플로리안은 모든 증상이 빠르게 호전되었다고 했다.

니콜라(11세)는 여러 가지 심리 테스트와 신경정신과 검사를 비롯하여 정상에서 벗어나는 아이들의 행동을 평가하는 아동 행동 체크리스트까지 동원한 결과, ADHD로 진단받았다. 제일 큰 소원이 뭐냐는 질문을 받자 니콜라는 엄마 아빠가 다시 합치는 거라고 대답했다. 그리고 엄마가 집에 있는 시간이 더 많았으면 좋겠다고 덧붙였다.

아웃사이더이자 방해꾼으로서의 경험이 아이들을 하나로 만들었다. 아이들은 그동안 무슨 수를 써서라도 자신이 받아들여지지 않는 느낌에 대한 고통을 억누르려고 했다. 또 어디에도 속할 수 없다는 슬픔에서 벗어나기 위한 전략을 구상해야 했다. 그러나 인간의 뇌는 관계경험을 통해서만 발달 가능한 사회적 기관이다. 또한 인간은 혼자 살 수 없는 존재다. 그런데 요즘은 다른 사람 없이도 혼자 잘 살 수 있다는 착각에 빠지는 일이 그 어느 때보다 많다. 어디에도 속해 있지 않은 사람은 매를 맞는 것과 비슷한 아픔을 느끼는 법이다. 우리가 산속 오두막에서 얻은 경험은 아이들이 소속감을 느끼면 더 이상 아픔에서 벗어나기 위한 전략을 필요로 하지 않았다는 것이었다.

그곳에서는 그 아이들이 진단받은 장애가 거의 느껴지지 않았다. 소년들은 작은 오두막의 다락방에서 침낭에 들어가 잠을 잤다. 그리고 그 농가의 주인이 맡겨놓고 간 암소의 젖을 짜서 마셨다. 얼음처럼 차가운 시냇물로 몸을 씻는가 하면, 산정 호숫가에서 조그만 뗏목을 만들기도 했다. 그러다 누군가 물에 빠지기라도 하면 우스워서 한참 소리를 질러댔고, 그러고 나서야 물에 빠진 친구를 꺼내 주었다. 또 온종일 나무를 깎아서 무엇을 만들거나 조립하면서 놀았다. 저녁때 모닥불을 피워 놓고 둘러앉으면, 각자 그날 있었던 일을 다른 사람들에게 이야기할 기회가 주어졌다. 무엇이 특히 마음에 들었고 누가 자기를 도와주었으며, 자신이 남을 위해 무엇을 했는지 함께 이야기를 나누었다.

처음에는 서로 다투고 불만만 늘어놓던 아이들이 그곳에서 여름을 지내는 동안 건설적인 토론을 벌이게 되었다. 소년들은 서로 의논해 가면서 비좁은 오두막 안에서의 단체 생활에 잘 적응해 나갔다. 그곳 생활이 끝날 무렵에는 누가 누군지 못 알아볼 만큼 확 달라진 모습들이었다. 뚱뚱했던 아이는 홀쭉해졌고, 비쩍 말랐던 아이는 살이 붙고 힘도 세졌다.

모두 처음에는 엄두조차 내지 못했던 일을 이제 할 수 있다는 것을 경험하게 되었다. 아이들의 자신감이 부쩍 자랐으며, 갈등 상황을 스스로 해결할 수 있는 능력도 생겼다. 그뿐만 아니라 하나로 결속하는 것이 얼마나 좋은 일인지 배웠다. 또 어느 아이든 그곳에서 여름을 보내는 동안 훨씬 더 어른스러워지고 용감해진 느낌이 들었다. 우리는 아이들이 그곳 생활을 마치고 의욕과 열의에 넘쳐 가족과 친구, 그리고 학교로 되돌아가는 것을 직접 보았다.

그렇게 우리 두 사람은 해발 3,000미터가 넘는 높은 산으로 둘러싸인 그곳에서 처음 만났다. 그 실험으로 얻는 것은 아무것도 없다는 사실을 우리 둘 다 알고 있었다. 그것은 아이들을 가르치는 다른 방법도 있다는 것과 성장을 하기 위해서는 긍정적인 경험이 최대한 많이 필요하다는 것, 그리고 누구나 기회만 주어지면 자신의 행동을 바꿀 수 있다는 것을 보여 주기 위한 시도였다.

하지만 교과서에 나오지도 않고 수업 시간에 가르쳐 주지도 않는 중요한 일들을 단 두 달 만에 배울 수 있다는 것을 체험한 아이들이 다시 예전 생활로 되돌아가면 어떤 일을 겪게 될지, 또 그 아이들이 절망에 빠지지 않고 그 생활을 얼마나 오래 견딜 수 있을지 의문이었다. 아이들은 교사와 부모의 고정관념으로 가득 채워진 예전의 자루 안에 다시 넣어지는 것을 얼마나 빨리 경험하게 될 것인가? 그 평가의 자루에는 그들이 생각하는 아이들의 모습이 빨간 글씨로 똑똑히 적혀 있다. 눈에 띄는 행동, 주의력 결핍, 반항적임, 몸을 가만히 두지 못함, 고집스러움 등등. 이런 고정관념에 아이들은 어떻게 대응해야 할까?

우리가 그 소년들 또래였을 때는 주의를 다른 데로 돌릴 만한 기분전환 거리가 그렇게 많지 않았다. 또 그 어마어마한 공부 압력이나 삶을 완벽하게 조형해야 한다는 중압감도 없었다. 물론 우리도 공부해야 했고 수업 시간이 지겨운 건 마찬가지였지만, 방과 후에는 세상을 탐색할 가능성이 늘 있었다. 우리는 오후가 되면 항상 친구들과 밖에서 열심히 뛰어놀았고, 부모의 감시를 받는 일도 없었다. 인생에서 아주 많은 부분을 우리 스스로 결정할 수 있을 것 같은 느낌이었다.

요즘의 어린 시절을 그 당시와 비교한다면 너무 감상적이거나 상황 파악을 제대로 못 하는 건 아닐까 의문을 가져보기도 했다. 그러나 그 순간 문득 떠오르는 생각이 있었다. 우리 아이들에게 어떤 요구가 지워지는지, 또 교사든 의사든 부모든 가릴 것 없이 뭐가 아이들에게 좋은지 더 잘 안다고 억지 주장을 할 때, 아이들이 얼마나 힘들어하는지에 대해 울분을 토하는 사람이 과연 몇이나 될까? 사람은 누구나 나름의 욕구와 생각이 있으며 누구도 다른 사람의 소유가 될 수 없다는 사실을 무시한 채, 아이들이 무엇을 해야 하고 어떻게 되어야 할지 미리 정해 놓은 계획안이 있다는 것에 몇 사람이나 놀라워할까?

아이들을 평가하고 진단하는 사람은 이 세계에서 성장하여 곧 자신의 삶과 우리의 미래를 만들어갈 아이들에게 무엇이 좋고 옳은지 정말 확실하게 알고 있는 걸까? 미래에 이 아이들에게 무엇이 중요한지 자신 있게 말할 수 있는 사람이 과연 있을까? 만약 있다면 그 사람은 어떻게 그것을 알 수 있을까?

모든 아이가
재능의 꽃을
활   짝
피 우 도 록

우리는 산속에서 그 아이들을 데리고 경험한 것에 자극을 받아 이 책을 쓰게 되었다. 발달심리학자들도 이미 오래전에 다양한 연구 조사를 통해 환경이 인간을 만든다는 사실을 확인했다. 애정과 따스한 보살핌을 받으며 자란 사람은 평생 그 득을 본다.

또한, 스트레스에 민감해서 우울증에 걸리기 쉬운 사람이라고 해도 도움을 받으면 충만한 삶을 영위할 수 있다. 우리 주변에는 예민한 아이도 있고 둔감한 아이도 있다. 또 어려운 상황과 맞서 싸워야 하는 아이도 있지만, 사는 게 마냥 쉽게 여겨지는 아이도 있다.

누구도 다른 사람과 같을 수는 없다. 우리 자신이 승자가 되느냐 패자가 되느냐는 유전적 소질에 미리 정해져 있는 것이 아니다. 그것은 우리가 어떤 경험을 쌓는가에 달려 있다.

그뿐만 아니라 요즘의 규격화된 세상 탓에 괴로움을 당하는 어른도 갈수록 늘어나고 있다. 우리는 이 책에서 그런 세상에 반기를 들고 고분고분하지 않은 그들 모두에게 용기를 북돋아 주고자 한다. 그들은 평범해지는 것이 아니라 더 나아지는 것을 목표로 삼고 싶어 하는 사람들이다. 그들의 시선은 아래가 아니라 언제나 위를 향하고 있다. 그리고 이 책에서는 부모와 교사의 기대를 충족시키고자 애쓰는 아이들 역시 중요하게 다룬다. 그 아이들은 자신의 욕구를 억누르면서 다른 사람들의 요구와 압력에 자신을 맞추려고 노력하다가, 끝내는 자기가 도대체 누구이고 무엇을 위해 살아야 할지 몰라서 우왕좌왕하게 된다. 이제 여러 가지 다양한 재능을 재발견할 때가 되었다. 재능이라는 것은 모든 아이가 가지고 태어나지만, 빠르면 영아기에 또 늦으면 초등학교 시기에 활짝 피기도 전에 시들어버릴 수도 있다. 우리가 이야기하고 싶었던 것은 우리 아이들이 누구이며, 어떤 사람이 될 수 있는가에 관한 것이다.

풍요로운 삶을 위해 우리 아이에게 꼭 필요한 것

우리 어른들은 이제 모든 현상들을 더 자세히 들여다보고, 언제까지 기계나 컴퓨터처럼 다루어지는 세상에서 우리 아이들이 자라도록 내버려둬야 할지 의문을 가질 때가 되었다.

우리는 이 책으로 단지 시작만 했을 뿐이다. 지금부터는 당신이 어떻게 하는가에 달려 있다.

사랑받는 아이, 행복한 엄마를 위한

엄마와의 거리 25센티미터

초판 1쇄 발행 2013년 5월 20일

지은이 게랄트 휘터, 울리 하우저
옮긴이 박정미
펴낸이 박진영
편집 김윤정
디자인 su:
마케팅 정복순
제작 이수현
펴낸곳 머스트비
등록 2012년 9월 6일 제396-2012-000154호
주소 경기 고양시 일산동구 백마로 223 현대에뜨레보 325호
전화 031-902-0091 | 팩스 031-902-0920 | 이메일 mustb0091@naver.com

잘못된 책은 구입하신 곳에서 바꿔드립니다.
책값은 뒤표지에 있습니다.

ISBN 978-89-98433-07-9 13590

이 도서의 국립중앙도서관 출판시도서목록(CIP)은 e-CIP홈페이지
(http://www.nl.go.kr/ecip)와 국가자료공동목록시스템(http://www.nl.go.kr/kolisnet)에서
이용하실 수 있습니다.(CIP 제어번호:2013004335)